2022
京津冀
科技统计年鉴

河北省科学技术情报研究院
北京市科学技术研究院 编著
天津市科学技术发展战略研究院

科学技术文献出版社
SCIENTIFIC AND TECHNICAL DOCUMENTATION PRESS
·北京·

图书在版编目（CIP）数据

2022京津冀科技统计年鉴 / 河北省科学技术情报研究院，北京市科学技术研究院，天津市科学技术发展战略研究院编著. —北京：科学技术文献出版社，2023. 7
ISBN 978-7-5235-0380-5

Ⅰ. ① 2… Ⅱ. ①河… ②北… ③天… Ⅲ. ①科技统计—华北地区—2022—年鉴 Ⅳ. ① G322.72-66

中国国家版本馆 CIP 数据核字（2023）第 115489 号

2022京津冀科技统计年鉴

策划编辑：郝迎聪 责任编辑：张 丹 邱晓春 责任校对：张永霞 责任出版：张志平

出 版 者 科学技术文献出版社
地 址 北京市复兴路15号 邮编 100038
编 务 部 (010) 58882938，58882087 (传真)
发 行 部 (010) 58882868，58882870 (传真)
邮 购 部 (010) 58882873
官方网址 www.stdp.com.cn
发 行 者 科学技术文献出版社发行 全国各地新华书店经销
印 刷 者 北京厚诚则铭印刷科技有限公司
版 次 2023 年 7 月第 1 版 2023 年 7 月第 1 次印刷
开 本 889 × 1194 1/16
字 数 223千
印 张 10.25
书 号 ISBN 978-7-5235-0380-5
定 价 36.00元

《2022京津冀科技统计年鉴》
编委会成员

编者说明

一、《2022 京津冀科技统计年鉴》（以下简称《年鉴》）由河北省科学技术情报研究院、北京市科学技术研究院和天津市科学技术发展战略研究院联合编辑制作完成。《年鉴》主要反映了京津冀的科技活动情况，收录了 2016—2021 年三地相关科技统计数据。

二、《年鉴》正文分为 16 个部分。第一部分为京津冀科技活动综合统计资料，数据来源于历年《中国统计年鉴》、历年《中国科技统计年鉴》和三地相关统计资料；第二至五部分分别为财政、科学研究和技术服务业事业单位、工业企业和高等学校科技活动统计资料，数据来源于历年《中国统计年鉴》、历年《中国科技统计年鉴》及全国科学研究和技术服务业科技活动单位统计调查和全国地方财政科学技术支出统计调查等相关统计资料；第六部分为高技术产业发展统计资料，数据来源于历年《中国高技术产业统计年鉴》；第七部分为企业创新统计资料，数据来源于历年《全国企业创新调查年鉴》；第八部分为创新产出统计资料，数据来源于历年《中国科技统计年鉴》；第九至十四部分分别为国家高新技术产业开发区、科技企业孵化器、国家级高新技术企业、国家大学科技园、火炬计划特色产业基地、创新型产业集群统计资料，数据来源于历年《中国科技统计年鉴》和历年《中国火炬统计年鉴》；第十五部分为科学技术普及统计资料，数据来源于历年《中国科普统计》；第十六部分为主要统计指标解释。附录收录了三地各类科技创新机构清单。

三、《年鉴》中部分数据合计数或相对数由于计量单位取舍不同而产生的计算误差，均未做机械调整。

四、有关符号说明："#" 表示是其中的主要项；"①" 等表示本表下有注解；"空格" 表示该项统计指标数据不足本表最小单位数、不详或无该项数据。

目　录

2022 京津冀科技统计年鉴

第一部分

综　合

表 1-1 京津冀主要社会、经济指标情况（2021 年）

项目	全国	京津冀合计				京津冀占比 / %
			北京	天津	河北	
常住人口 / 万人①	**141 260**	**11 010**	2189	1373	7448	**7.8**
地区生产总值 / 亿元	**1 143 670**	**96 356**	40 270	15 695	40 391	**8.4**
第一产业	**83 086**	**4366**	111	225	4030	**5.3**
第二产业	**450 905**	**29 487**	7269	5854	16 364	**6.5**
# 工业增加值	**372 575**	**25 016**	5693	5225	14 098	**6.7**
第三产业	**609 680**	**62 502**	32 890	9615	19 997	**10.3**
人均生产总值 /（元 / 人）	**80 976**		183 980	113 732	54 172	
农、林、牧、渔业总产值 / 亿元	**147 013**	**4632**	113	233	4286	**3.2**
一般公共预算收入 / 亿元	**202 555**	**12 241**	5932	2141	4168	**6.0**
一般公共预算支出 / 亿元	**245 673**	**19 206**	7205	3153	8848	**7.8**
固定资产投资比上年增长情况 / %	**4.9**		4.9	4.8	3.0	
沿海港口货物吞吐量 / 亿吨	**99.7**	**7.3**	0	5.3	2.0	**7.3**
邮电业务总量 / 亿元	**30 896**	**2427**	796	346	1285	**7.9**
社会消费品零售总额 / 亿元	**440 823**	**32 148**	14 868	3770	13 510	**7.3**
实际使用外资金额 / 亿美元	**1735**	**314**	144	54	116	**18.1**
货物进出口总额 / 亿美元	**390 922**	**44 422**	30 436	8568	5418	**11.4**
# 出口	**33 630**	**2016**	947	600	469	**6.0**
城镇非私营单位从业人员工资总额 / 亿元	**180 818**	**22 673**	14 811	3179	4683	**12.5**
城镇非私营单位从业人员平均工资 / 元	**106 837**		194 651	123 528	82 526	

注：全国数据为年度人口抽样调查推算数据，京津冀数据为常住人口口径。

表 1-2　京津冀全省（市）财政收支情况（2021 年）

地区	地方财政科技支出合计 / 亿元	# 中央对地方科技专项转移支出	地方财政支出 / 亿元	科技支出占财政支出的比重 / %	地方财政收入 / 亿元
全国	**6464**	**23**	**210 625**	**3.1**	**111 084**
京津冀合计	**666**	**1**	**19 206**	**3.5**	**12 241**
北京	449	1	7205	6.2	5932
天津	104	0	3153	3.3	2141
河北	113	0	8848	1.3	4168
京津冀占比 / %	**10.3**	**4.3**	**9.1**		**11.0**

表 1-3　京津冀省（市）本级财政收支情况（2021 年）

地区	地方财政科技支出合计 / 亿元	# 中央对地方科技专项转移支出	地方财政支出 / 亿元	科技支出占财政支出的比重 / %	地方财政收入 / 亿元
全国	**1438**	**19**	**37 085**	**3.9**	**21 777**
京津冀合计	**416**	**1**	**5157**	**8.1**	**4928**
北京	357	1	2855	12.5	3303
天津	28	0	1098	2.6	891
河北	31	0	1204	2.6	734
京津冀占比 / %	**28.9**	**5.3**	13.9		22.6

表 1-4　京津冀研究与试验发展（R&D）情况（2016—2021 年）

项目	2016 年	2017 年	2018 年	2019 年	2020 年	2021 年
R&D 人员 / 人						
全国	**5 830 741**	**6 213 627**	**6 571 372**	**7 129 256**	**7 552 986**	**8 580 860**
京津冀合计	**726 162**	**748 602**	**726 671**	**791 217**	**805 768**	**852 231**
北京	373 406	397 281	397 034	464 178	473 304	472 860
天津	177 165	165 638	160 683	143 888	136 341	166 037
河北	175 591	185 683	168 954	183 151	196 123	213 334
京津冀占比 / %	**12.5**	**12.0**	**11.1**	**11.1**	**10.7**	**9.9**
R&D 人员全时当量 / 人年						
全国	**3 878 057**	**4 033 597**	**4 381 444**	**4 800 768**	**5 234 508**	**5 716 330**
京津冀合计	**484 105**	**486 113**	**470 103**	**518 287**	**551 978**	**566 892**
北京	253 337	269 835	267 338	313 986	336 280	338 297
天津	119 384	103 087	99 490	92 502	90 640	102 986
河北	111 384	113 191	103 275	111 799	125 058	125 609
京津冀占比 / %	**12.5**	**12.1**	**10.7**	**10.8**	**10.5**	**9.9**
R&D 经费内部支出 / 亿元						
全国	**15 677**	**17 606**	**19 678**	**22 144**	**24 393**	**27 956**
京津冀合计	**2405**	**2491**	**2863**	**3264**	**3446**	**3948**
北京	1485	1580	1871	2234	2327	2629
天津	537	459	492	463	485	574
河北	383	452	500	567	634	745
京津冀占比 / %	**15.3**	**14.1**	**14.5**	**14.7**	**14.1**	**14.1**
R&D 经费投入占 GDP 比重 / %						
全国	**2.1**	**2.1**	**2.2**	**2.2**	**2.4**	**2.4**
京津冀合计	**3.2**	**3.1**	**3.4**	**3.9**	**4.0**	**4.1**
北京	5.8	5.6	6.2	6.3	6.4	6.5
天津	3.0	2.5	2.6	3.3	3.4	3.7
河北	1.2	1.3	1.4	1.6	1.8	1.8

表 1-5　京津冀研究与试验发展（R&D）人员全时当量情况（2021 年）

单位：人年

地区	R&D 人员全时当量	# 研究人员	# 基础研究	应用研究	试验发展
全国	**5 716 330**	**2 405 509**	**471 920**	**690 956**	**4 553 469**
京津冀合计	**566 892**	**338 330**	**93 693**	**134 346**	**338 856**
北京	338 297	228 860	75 525	97 159	165 615
天津	102 986	54 614	10 203	17 827	74 956
河北	125 609	54 856	7965	19 360	98 285
京津冀占比 / %	**9.9**	**14.1**	**19.9**	**19.4**	**7.4**

表 1-6　京津冀研究与试验发展（R&D）经费内部支出情况（2021 年）

单位：亿元

地区	R&D 经费内部支出	基础研究	应用研究	试验发展
全国	**27 956**	**1817**	**3145**	**22 996**
京津冀合计	**3948**	**499**	**794**	**2658**
北京	2629	423	657	1550
天津	574	59	77	439
河北	745	17	60	669
京津冀占比 / %	**14.1**	**27.5**	**25.2**	**11.6**

表 1-7　京津冀研究与试验发展（R&D）经费内部支出按支出用途分布情况（2021 年）

单位：亿元

地区	R&D 经费内部支出	日常性支出	# 人员劳务费	资产性支出	# 仪器和设备
全国	**27 956**	**25 468**	**9243**	**2487**	**2070**
京津冀合计	**3949**	**3526**	**1339**	**424**	**326**
北京	2629	2306	1013	323	263
天津	574	502	182	73	37
河北	746	718	144	28	25
京津冀占比 / %	**14.1**	**13.8**	**14.5**	**17.0**	**15.7**

表 1-8　京津冀研究与试验发展（R&D）经费内部支出按资金来源分布情况（2021 年）

单位：亿元

地区	R&D 经费内部支出				
		政府资金	企业资金	国外资金	其他资金
全国	**27 956**	**5300**	**21 809**	**58**	**790**
京津冀合计	**3949**	**1398**	**2314**	**14**	**223**
北京	2629	1186	1248	13	182
天津	574	111	441	1	22
河北	746	101	625	0	19
京津冀占比 / %	**14.1**	**26.4**	**10.6**	**24.1**	**28.2**

表 1-9　京津冀专利情况（2016—2021 年）

单位：件

项目	2016 年	2017 年	2018 年	2019 年	2020 年	2021 年
专利申请受理数						
全国	**3 305 225**	**3 536 333**	**4 146 772**	**4 195 104**	**5 016 030**	**5 060 312**
京津冀合计	**350 481**	**334 212**	**394 035**	**423 432**	**491 287**	**504 310**
北京	189 129	185 928	211 212	226 113	254 165	283 134
天津	106 514	86 996	99 038	96 045	111 514	90 471
河北	54 838	61 288	83 785	101 274	125 608	130 705
京津冀占比 / %	**10.6**	**9.5**	**9.5**	**10.1**	**9.8**	**10.0**
专利申请授权数						
全国	**1 628 881**	**1 720 828**	**2 335 411**	**2 474 406**	**3 520 901**	**4 467 165**
京津冀合计	**172 138**	**183 971**	**230 070**	**247 324**	**330 454**	**416 722**
北京	100 578	106 948	123 496	131 716	162 824	198 778
天津	39 734	41 675	54 680	57 799	75 434	97 910
河北	31 826	35 348	51 894	57 809	92 196	120 034
京津冀占比 / %	**10.6**	**10.7**	**9.9**	**10.0**	**9.4**	**9.3**
国内有效专利数						
全国	**5 527 183**	**6 324 215**	**7 517 791**	**8 812 070**	**11 236 868**	**14 417 426**
京津冀合计	**647 599**	**767 938**	**898 769**	**1 047 376**	**1 279 655**	**1 577 788**
北京	417 666	494 941	569 929	653 053	768 090	913 616
天津	124 443	144 706	168 876	198 946	245 540	308 263
河北	105 490	128 291	159 964	195 377	266 025	355 909
京津冀占比 / %	**11.7**	**12.1**	**12.0**	**11.9**	**11.4**	**10.9**

表 1-10　京津冀技术市场技术合同成交情况（2016—2021 年）

项目	2016 年	2017 年	2018 年	2019 年	2020 年	2021 年
技术输出地域合同数 / 项						
全国	**320 437**	**367 586**	**411 985**	**484 077**	**549 353**	**670 506**
京津冀合计	**91 763**	**97 876**	**99 940**	**104 318**	**101 604**	**117 350**
北京	74 983	81 311	82 486	83 171	84 451	93 563
天津	12 934	12 168	11 214	13 885	9685	12 048
河北	3846	4397	6240	7262	7468	11 739
京津冀占比 / %	**28.6**	**26.6**	**24.3**	**21.5**	**18.5**	**17.5**
技术输出地域合同金额 / 亿元						
全国	**11 407**	**13 424**	**17 697**	**22 398**	**28 252**	**37 294**
京津冀合计	**4553**	**5127**	**5920**	**6985**	**7961**	**9010**
北京	3941	4487	4958	5695	6316	7006
天津	553	551	686	909	1090	1257
河北	59	89	276	381	555	747
京津冀占比 / %	**39.9**	**38.2**	**33.5**	**31.2**	**28.2**	**24.2**
技术流向地域合同数 / 项						
全国	**320 437**	**367 586**	**411 985**	**484 077**	**549 353**	**670 506**
京津冀合计	**72 048**	**74 261**	**81 094**	**87 738**	**86 084**	**97 060**
北京	55 480	55 944	61 213	65 137	65 548	71 405
天津	9612	10 208	9309	11 277	8466	9886
河北	6956	8109	10 572	11 324	12 070	15 769
京津冀占比 / %	**22.5**	**20.2**	**19.7**	**18.1**	**15.7**	**14.5**
技术流向地域合同金额 / 亿元						
全国	**11 407**	**13 424**	**17 697**	**22 398**	**28 252**	**37 294**
京津冀合计	**2326**	**2612**	**3091**	**4270**	**4453**	**5193**
北京	1753	1888	2247	3224	3129	3439
天津	389	421	348	462	617	600
河北	184	303	496	584	707	1154
京津冀占比 / %	**20.4**	**19.5**	**17.5**	**19.1**	**15.8**	**13.9**

第二部分

财　政

表 2-1 京津冀一般公共预算收入情况（2021 年）

单位：亿元

项目	全国	京津冀合计				京津冀占比 / %
			北京	天津	河北	
地方一般公共预算收入	**111 084**	**12 241**	5932	2141	4168	**11.0**
税收收入	**83 789**	**9523**	5165	1622	2736	**11.4**
国内增值税	**31 767**	**3396**	1743	673	980	**10.7**
企业所得税	**15 437**	**2138**	1395	337	406	**13.8**
个人所得税	**5597**	**951**	743	129	79	**17.0**
资源税	**2230**	**117**	31	12	74	**5.2**
城市维护建设税	**5005**	**505**	246	107	152	**10.1**
房产税	**3278**	**515**	343	82	90	**15.7**
印花税	**1598**	**210**	106	41	63	**13.1**
城镇土地使用税	**2126**	**190**	19	15	156	**8.9**
土地增值税	**6896**	**640**	247	106	287	**9.3**
车船税	**1021**	**106**	33	14	59	**10.4**
耕地占用税	**1065**	**112**	5	4	103	**10.5**
契税	**7427**	**611**	245	99	267	**8.2**
烟叶税	**119**	**0.38**	0	0	3798	**0.3**
环境保护税	**203**	**32**	10	3	19	**15.8**
其他税收收入	**20**	**−1**	−2	0	1	**−5.0**
非税收入	**27 295**	**2719**	768	519	1432	**10.0**
专项收入	**7654**	**859**	348	130	381	**11.2**
行政事业性收费收入	**3724**	**229**	69	30	130	**6.1**
罚没收入	**3432**	**264**	70	39	155	**7.7**
国有资本经营收入	**753**	**83**	42	12	29	**11.0**
国有资源（资产）有偿收入	**9208**	**992**	146	249	597	**10.8**
其他非税收收入	**2524**	**291**	93	60	138	**11.5**

表 2-2　京津冀一般公共预算支出情况（2021 年）

单位：亿元

项目	全国	京津冀合计				京津冀占比 /%
			北京	天津	河北	
地方一般公共预算支出	**210 623**	**19 206**	7205	3153	8848	**9.1**
一般公共服务支出	**18 308**	**1587**	533	234	820	**8.7**
外交支出	**2**					
国防支出	**230**	**19**	8	1	10	**8.3**
公共安全支出	**11 891**	**1138**	497	216	425	**9.6**
教育支出	**35 779**	**3256**	1148	479	1629	**9.1**
科学技术支出	**6464**	**666**	449	104	113	**10.3**
文化旅游体育与传媒支出	**3774**	**384**	220	37	127	**10.2**
社会保障和就业支出	**32 901**	**3057**	1054	598	1405	**9.3**
卫生健康支出	**18 919**	**1669**	633	183	853	**8.8**
节能环保支出	**5251**	**648**	249	47	352	**12.3**
城乡社区支出	**19 367**	**2203**	860	460	883	**11.4**
农林水支出	**21 536**	**1571**	498	148	925	**7.3**
交通运输支出	**10 599**	**903**	363	92	448	**8.5**
资源勘探工业信息等支出	**6273**	**608**	149	273	186	**9.7**
商业服务业等支出	**1536**	**114**	31	55	28	**7.4**
金融支出	**943**	**32**	24	2	6	**3.4**
援助其他地区支出	**468**	**90**	55	27	8	**19.2**
自然资源海洋气象等支出	**2001**	**201**	32	24	145	**10.0**
住房保障支出	**6463**	**410**	153	72	185	**6.3**
粮油物资储备支出	**661**	**38**	12	9	17	**5.7**
债务付息支出	**4580**	**336**	78	59	199	**7.3**
债务发行费用支出	**24**	**1**	0	0	1	**4.2**
其他支出	**1071**	**142**	106	10	26	**13.3**

表 2-3 京津冀全省（市）财政科技支出情况（2016—2021 年）

项目	2016 年	2017 年	2018 年	2019 年	2020 年	2021 年
一般公共预算支出 / 亿元						
全国	**160 351**	**173 228**	**188 196**	**203 743**	**210 583**	**210 623**
京津冀合计	**16 156**	**16 747**	**18 300**	**19 273**	**19 290**	**19 206**
北京	6407	6825	7471	7408	7116	7205
天津	3699	3283	3103	3556	3151	3153
河北	6050	6639	7726	8309	9023	8848
京津冀占比 / %	**10.1**	**9.7**	**9.7**	**9.5**	**9.2**	**9.1**
财政科技支出 / 亿元						
全国	**3878**	**4440**	**5206**	**5955**	**5802**	**6464**
京津冀合计	**484**	**547**	**610**	**634**	**631**	**666**
北京	286	362	426	433	411	449
天津	125	116	107	110	118	104
河北	73	69	77	91	102	113
京津冀占比 / %	**12.5**	**12.3**	**11.7**	**10.6**	**10.9**	**10.3**
财政科技支出占一般公共预算支出的比重 / %						
全国	**2.4**	**2.6**	**2.8**	**2.9**	**2.8**	**3.1**
京津冀合计	**3.0**	**3.3**	**3.3**	**3.3**	**3.3**	**3.5**
北京	4.5	5.3	5.7	5.8	5.8	6.2
天津	3.4	3.5	3.4	3.1	3.7	3.3
河北	1.2	1.0	1.0	1.1	1.1	1.3

表 2-4　京津冀省（市）本级财政科技支出情况（2016—2021 年）

项目	2016 年	2017 年	2018 年	2019 年	2020 年	2021 年
一般公共预算支出 / 亿元						
全国	**26 592**	**28 710**	**30 947**	**32 415**	**33 791**	**37 085**
京津冀合计	**4763**	**5090**	**5131**	**5250**	**4974**	**5157**
北京	2697	2862	3051	2924	2795	2855
天津	1239	1192	1096	1297	1102	1098
河北	827	1036	984	1029	1077	1204
京津冀占比 / %	**17.9**	**17.7**	**16.6**	**16.2**	**14.7**	13.9
财政科技支出 / 亿元						
全国	**930**	**1075**	**1180**	**1202**	**1214**	**1438**
京津冀合计	**310**	**358**	**399**	**375**	**387**	**416**
北京	244	299	339	328	332	357
天津	45	41	41	19	27	28
河北	21	18	19	28	28	31
京津冀占比 / %	**33.3**	**33.3**	**33.8**	**31.2**	**31.9**	**28.9**
财政科技支出占一般公共预算支出的比重 / %						
全国	**3.5**	**3.7**	**3.8**	**3.7**	**3.6**	**3.9**
京津冀合计	**6.5**	**7.0**	**7.8**	**7.1**	**7.8**	**8.1**
北京	9.0	10.4	11.1	11.2	11.9	12.5
天津	3.6	3.4	3.7	1.5	2.5	2.6
河北	2.5	1.7	1.9	2.7	2.6	2.6

表 2-5 京津冀全省（市）财政科技支出按用途分布情况（2021 年）

单位：万元

项目	全国	京津冀合计	北京	天津	河北	京津冀占比 / %
地方财政科技支出合计	**64 642 435**	**6 660 535**	4 494 463	1 039 691	1 126 381	**10.3**
科学技术管理事务	**2 988 377**	**343 399**	164 069	26 097	153 233	**11.5**
基础研究	**4 168 696**	**317 438**	230 152	44 870	42 416	**7.6**
应用研究	**3 404 933**	**922 559**	790 798	32 959	98 802	**27.1**
技术研究与开发	**19 061 616**	**982 534**	152 181	529 484	300 869	**5.2**
科技条件与服务	**3 848 007**	**264 540**	202 829	3755	57 956	**6.9**
社会科学	**490 708**	**62 906**	36 486	8169	18 251	**12.8**
科学技术普及	**1 435 876**	**125 675**	74 249	10 250	41 176	**8.8**
科技交流与合作	**323 708**	**33 696**	4283	21 380	8033	**10.4**
科技重大项目	**3 566 038**	**126 429**	17 004	32 204	77 221	**3.5**
其他科技支出	**25 354 476**	**3 481 359**	2 822 412	330 523	328 424	**13.7**
中央对地方科技专项转移支出	**226 939**	**11 990**	11 990	0	0	**5.3**

表 2-6 京津冀全省（市）本级财政科技支出按用途分布情况（2021 年）

单位：万元

项目	全国	京津冀合计	北京	天津	河北	京津冀占比 / %
地方财政科技支出合计	**14 382 596**	**4 159 055**	3 574 006	278 742	306 307	**28.9**
科学技术管理事务	**290 667**	**93 864**	46 118	7431	40 315	**32.3**
基础研究	**1 817 176**	**298 267**	230 025	44 832	23 410	**16.4**
应用研究	**2 323 534**	**801 708**	713 277	30 798	57 633	**34.5**
技术研究与开发	**2 923 768**	**311 444**	107 208	144 640	59 596	**10.7**
科技条件与服务	**745 236**	**116 705**	108 034	2247	6424	**15.7**
社会科学	**343 212**	**57 745**	36 486	8169	13 090	**16.8**
科学技术普及	**431 367**	**75 361**	59 443	6180	9738	**17.5**
科技交流与合作	**56 180**	**28 041**	3873	19 646	4522	**49.9**
科技重大项目	**1 739 487**	**81 946**	15 990	56	65 900	**4.7**
其他科技支出	**3 711 969**	**2 293 974**	2 253 552	14 743	25 679	**61.8**

表 2-7　北京市各区财政科技支出及占一般公共预算支出的比重（2021 年）

单位：万元

地区	财政科技支出	一般公共预算支出	财政科技支出占一般公共预算支出的比重 / %
各区合计	**938 280**	**41 679 682**	**2.3**
东城区	12 440	2 827 422	0.4
西城区	44 180	4 069 336	1.1
朝阳区	114 655	5 573 052	2.1
丰台区	69 315	2 613 790	2.7
石景山区	20 176	1 254 977	1.6
海淀区	313 446	6 369 661	4.9
门头沟区	4621	1 006 983	0.5
房山区	4378	2 436 091	0.2
通州区	9231	3 302 897	0.3
顺义区	35 433	3 092 814	1.1
昌平区	58 813	2 449 718	2.4
大兴区	109 553	1 140 262	9.6
怀柔区	70 514	1 472 680	4.8
平谷区	12 389	1 269 655	1.0
密云区	33 975	1 540 841	2.2
延庆区	25 161	1 259 503	2.0

表 2-8 天津市各区财政科技支出及占一般公共预算支出的比重（2021 年）

单位：万元

地区	财政科技支出	一般公共预算支出	财政科技支出占一般公共预算支出的比重 / %
各区合计	**762 075**	**20 409 542**	**3.7**
和平区	2429	524 652	0.5
河东区	2869	604 267	0.5
河西区	3334	793 867	0.4
南开区	3510	567 915	0.6
河北区	821	429 092	0.2
红桥区	2810	461 095	0.6
东丽区	19 297	677 326	2.8
西青区	16 024	1 036 113	1.5
津南区	24 892	1 576 192	1.6
北辰区	17 040	838 950	2.0
武清区	7707	1 443 232	0.5
宝坻区	8626	906 007	1.0
滨海新区	642 466	8 079 097	8.0
宁河区	3843	547 828	0.7
静海区	5251	767 082	0.7
蓟州区	1156	1 156 827	0.1

表 2-9　河北省各地市财政科技支出及占一般公共预算支出的比重（2021 年）

单位：万元

地区	财政科技支出	一般公共预算支出	财政科技支出占一般公共预算支出的比重 / %
各市合计	**786 513**	**72 469 696**	**1.1**
石家庄市	147 756	10 962 761	1.3
唐山市	134 692	9 214 638	1.5
秦皇岛市	28 114	3 109 139	0.9
邯郸市	72 454	7 536 616	1.0
邢台市	34 466	5 730 361	0.6
保定市	94 747	9 284 555	1.0
张家口市	34 441	5 353 311	0.6
承德市	26 555	4 211 650	0.6
沧州市	60 020	6 687 661	0.9
廊坊市	94 181	6 424 899	1.5
衡水市	59 087	3 954 105	1.5

第三部分

科学研究和技术服务业事业单位

（一）全部科学研究和技术服务业事业单位

表 3-1　京津冀科学研究和技术服务业事业单位基本情况（2018—2021 年）

项目	2018 年	2019 年	2020 年	2021 年
机构数 / 个				
全国	**5779**	**5929**	**6264**	**6246**
京津冀合计	**718**	**700**	**681**	**638**
北京	437	432	445	417
天津	168	153	116	97
河北	113	115	120	124
京津冀占比 / %	**12.4**	**11.8**	**10.9**	**10.2**
从业人员 / 人				
全国	**601 639**	**630 976**	**675 817**	**703 677**
京津冀合计	**144 548**	**146 577**	**151 446**	**153 736**
北京	111 426	113 979	119 935	122 538
天津	16 156	16 696	14 667	15 519
河北	16 966	15 902	16 844	15 679
京津冀占比 / %	**24.0**	**23.2**	**22.4**	**21.8**
R&D 人员全时当量 / 人年				
全国	**269 770**	**287 371**	**319 982**	**347 597**
京津冀合计	**74 772**	**77 954**	**86 119**	**87 963**
北京	65 611	68 317	76 381	78 147
天津	5616	5671	5186	4943
河北	3545	3966	4552	4873
京津冀占比 / %	**27.7**	**27.1**	**26.9**	**25.3**
R&D 经费内部支出 / 亿元				
全国	**1326**	**1586**	**1762**	**2029**
京津冀合计	**464**	**555**	**556**	**626**
北京	417	505	509	573
天津	31	32	28	34

续表

项目	2018 年	2019 年	2020 年	2021 年
河北	16	18	19	19
京津冀占比 / %	**35.0**	**35.0**	**31.6**	**30.9**
专利申请数 / 件				
全国	**42 610**	**47 667**	**53 600**	**63 577**
京津冀合计	**9537**	**11 349**	**12 522**	**13 926**
北京	8174	9693	10 630	11 716
天津	861	1056	1084	1315
河北	502	600	808	895
京津冀占比 / %	**22.4**	**23.8**	**23.4**	**21.9**
有效发明专利 / 件				
全国	**104 168**	**114 171**	**136 364**	**157 813**
京津冀合计	**30 334**	**36 448**	**44 250**	**48 917**
北京	28 258	34 018	41 374	45 018
天津	1275	1439	1667	2243
河北	801	991	1209	1656
京津冀占比 / %	**29.1**	**31.9**	**32.4**	**31.0**

表 3–2　京津冀科学研究和技术服务业事业单位 R&D 人员情况（2021 年）

单位：人

地区	R&D 人员合计	# 女性	# 博士毕业	硕士毕业	本科毕业	# 全时人员
全国	**436 399**	**163 737**	**125 537**	**139 525**	**122 004**	**286 661**
京津冀合计	**111 168**	**47 680**	**43 601**	**34 788**	**22 351**	**74 738**
北京	98 552	42 342	41 275	30 047	17 890	66 500
天津	6825	3176	1452	2870	2163	3850
河北	5791	2162	874	1871	2298	4388
京津冀占比 / %	**25.5**	**29.1**	**34.7**	**24.9**	**18.3**	**26.1**

表 3-3　京津冀科学研究和技术服务业事业单位 R&D 全时人员按活动类型分布情况（2021 年）

单位：人年

地区	R&D 人员全时当量	# 研究人员	基础研究	应用研究	试验发展
全国	**347 597**	**247 991**	**100 038**	**120 830**	**126 729**
京津冀合计	**87 963**	**64 794**	**35 722**	**34 468**	**17 773**
北京	78 147	57 404	34 298	31 239	12 610
天津	4943	3538	807	1880	2256
河北	4873	3852	617	1349	2907
京津冀占比 / %	**25.3**	**26.1**	**35.7**	**28.5**	**14.0**

表 3-4　京津冀科学研究和技术服务业事业单位 R&D 经费内部支出按活动类型分布情况（2021 年）

单位：万元

地区	R&D 经费内部支出	基础研究	应用研究	试验发展
全国	**20 285 940**	**5 504 045**	**7 636 550**	**7 145 345**
京津冀合计	**6 251 865**	**2 317 419**	**2 762 814**	**1 171 632**
北京	5 726 304	2 269 020	2 595 413	861 871
天津	338 030	36 404	99 783	201 843
河北	187 531	11 995	67 618	107 918
京津冀占比 / %	**30.8**	**42.1**	**36.2**	**16.4**

表 3-5　京津冀科学研究和技术服务业事业单位 R&D 经费内部支出按支出用途分布情况（2021 年）

单位：万元

地区	R&D 经费内部支出	日常性支出	# 人员劳务费	资产性支出	# 仪器和设备支出
全国	**20 285 940**	**15 504 464**	**7 578 715**	**4 781 476**	**3 160 728**
京津冀合计	**6 251 865**	**4 777 758**	**2 302 342**	**1 474 107**	**1 047 261**
北京	5 726 304	4 379 898	2 076 590	1 346 406	936 525
天津	338 030	234 693	143 066	103 337	93 686
河北	187 531	163 167	82 686	24 364	17 050
京津冀占比 / %	**30.8**	**30.8**	**30.4**	**30.8**	**33.1**

表 3-6　京津冀科学研究和技术服务业事业单位 R&D 经费内部支出按资金来源分布情况（2021 年）

单位：万元

地区	R&D 经费内部支出	政府资金	企业资金	国外资金	其他资金
全国	**20 285 940**	**16 681 419**	**1 781 906**	**43 795**	**1 778 820**
京津冀合计	**6 251 865**	**5 388 083**	**500 616**	**26 520**	**336 645**
北京	5 726 304	4 961 965	451 561	26 446	286 332
天津	338 030	259 332	37 560	0	41 138
河北	187 531	166 786	11 495	74	9175
京津冀占比 / %	**30.8**	**32.3**	**28.1**	**60.6**	**18.9**

表 3-7　京津冀科学研究和技术服务业事业单位 R&D 经费外部支出情况（2021 年）

单位：万元

地区	R&D 经费外部支出	对境内研究机构支出	对境内高等学校支出	对境内企业支出	对境内其他单位支出	对境外机构支出
全国	**590 591**	**218 890**	**146 834**	**153 154**	**61 701**	**10 012**
京津冀合计	**148 292**	**56 668**	**34 022**	**33 020**	**23 753**	**829**
北京	142 185	56 610	33 770	27 795	23 181	829
天津	4806	28	148	4630	0	0
河北	1301	30	104	595	572	0
京津冀占比 / %	**25.1**	**25.9**	**23.2**	**21.6**	**38.5**	**8.3**

表 3-8　京津冀科学研究和技术服务业事业单位 R&D 课题情况（2021 年）

地区	R&D 课题数 / 项	R&D 课题人员折合全时工作量 / 人年	R&D 课题经费 / 万元
全国	**145 306**	**283 574.6**	**9 080 040**
京津冀合计	**45 065**	**71 356.3**	**2 804 434**
北京	41 018	63 559.2	2 561 213
天津	2566	3972.6	168 519
河北	1481	3824.5	74 702
京津冀占比 / %	**31.0**	**25.2**	**30.9**

表 3-9　京津冀科学研究和技术服务业事业单位科技产出情况（2021 年）

项目	全国	京津冀合计	北京	天津	河北	京津冀占比 / %
发表科技论文	**201 912**	**70 975**	65 200	3149	2626	**35.2**
# 国外发表	**85 111**	**31 156**	29 902	847	407	**36.6**
出版科技著作 / 种	**6245**	**2656**	2372	152	132	**42.5**
专利申请数 / 件	**63 577**	**13 926**	11 716	1315	895	**21.9**
# 发明专利	**44 847**	**10 633**	9487	666	480	**23.7**
有效发明专利 / 件	**157 813**	**48 917**	45 018	2243	1656	**31.0**
专利所有权转让及许可数 / 件	**3898**	**1187**	1107	75	5	**30.5**
专利所有权转让及许可收入 / 万元	**250 870**	**87 093**	82 662	4313	118	**34.7**
形成国家或行业标准数 / 项	**5317**	**2215**	2016	126	73	**41.7**

（二）地方部门属研究与开发机构

表 3-10　京津冀地方部门属科学研究和技术服务业事业单位基本情况（2018—2021 年）

项目	2018 年	2019 年	2020 年	2021 年
机构数 / 个				
全国	**5029**	**5169**	**5535**	**5511**
京津冀合计	**333**	**313**	**287**	**245**
北京	102	98	100	73
天津	142	125	91	73
河北	89	90	96	99
京津冀占比 / %	**6.6**	**6.1**	**5.2**	**4.4**
从业人员 / 人				
全国	**385 338**	**406 779**	**442 025**	**466 781**
京津冀合计	**28 592**	**28 154**	**26 986**	**27 279**
北京	12 663	12 014	12 770	12 484
天津	9518	9580	7113	7448
河北	6411	6560	7103	7347
京津冀占比 / %	**7.4**	**6.9**	**6.1**	**5.8**

续表

项目	2018 年	2019 年	2020 年	2021 年
R&D 人员全时当量 / 人年				
全国	**132 226**	**141 452**	**159 126**	**183 420**
京津冀合计	**10 004**	**10 486**	**10 347**	**10 725**
北京	5279	5401	5863	6004
天津	2698	2898	2039	2092
河北	2027	2187	2445	2629
京津冀占比 / %	**7.6**	**7.4**	**6.5**	**5.8**
R&D 经费内部支出 / 万元				
全国	**4 560 409**	**5 565 522**	**6 862 686**	**8 307 534**
京津冀合计	**441 824**	**460 041**	**478 804**	**548 062**
北京	242 093	244 436	279 478	294 651
天津	121 886	128 792	96 390	151 149
河北	77 845	86 813	102 936	102 262
京津冀占比 / %	**9.7**	**8.3**	**7.0**	**6.6**
专利申请数 / 件				
全国	**18 923**	**21 078**	**25 506**	**33 069**
京津冀合计	**1504**	**1554**	**1475**	**1954**
北京	765	668	731	968
天津	416	534	351	486
河北	323	352	393	500
京津冀占比 / %	**7.9**	**7.4**	**5.8**	**5.9**
有效发明专利数 / 件				
全国	**32 110**	**37 091**	**44 117**	**55 455**
京津冀合计	**2802**	**3665**	**3860**	**4791**
北京	1766	2303	2311	3022
天津	509	714	738	728
河北	527	648	811	1041
京津冀占比 / %	**8.7**	**9.9**	**8.7**	**8.6**

表 3-11 京津冀地方部门属科学研究和技术服务业事业单位 R&D 人员情况（2021 年）

单位：人

地区	R&D 人员合计	# 女性	# 博士毕业	硕士毕业	本科毕业	# 全时人员
全国	**230 401**	**83 187**	**45 100**	**76 729**	**83 605**	**151 236**
京津冀合计	**13 317**	**6545**	**3002**	**4679**	**4014**	**9131**
北京	7029	3745	2005	2337	1611	5340
天津	3053	1384	545	1207	1186	1422
河北	3235	1416	452	1135	1217	2369
京津冀占比 / %	**5.8**	**7.9**	**6.7**	**6.1**	**4.8**	**6.0**

表 3-12 京津冀地方部门属科学研究和技术服务业事业单位 R&D 人员全时当量按活动类型分布情况（2021 年）

单位：人年

地区	R&D 人员全时当量	# 研究人员	# 基础研究	应用研究	试验发展
全国	**183 420**	**129 348**	**33 258**	**57 253**	**92 909**
京津冀合计	**10 725**	**7123**	**2768**	**3290**	**4667**
北京	6004	3635	2311	2086	1607
天津	2092	1339	162	764	1166
河北	2629	2149	295	440	1894
京津冀占比 / %	**5.8**	**5.5**	**8.3**	**5.7**	**5.0**

表 3-13 京津冀地方部门属科学研究和技术服务业事业单位 R&D 经费内部支出按活动类型分布情况（2021 年）

单位：万元

地区	R&D 经费内部支出	基础研究	应用研究	试验发展
全国	**8 307 534**	**1 383 502**	**2 702 600**	**4 221 432**
京津冀合计	**548 062**	**118 678**	**162 095**	**267 290**
北京	294 651	104 928	113 602	76 121
天津	151 149	4863	32 304	113 982
河北	102 262	8887	16 189	77 187
京津冀占比 / %	**6.6**	**8.6**	**6.0**	**6.3**

表 3-14　京津冀地方部门属科学研究和技术服务业事业单位 R&D 经费内部支出按支出用途分布情况（2021 年）

单位：万元

地区	R&D 经费内部支出	日常性支出	# 人员劳务费	资产性支出	# 仪器和设备支出
全国	**8 307 534**	**6 092 505**	**3 398 839**	**2 215 029**	**1 453 189**
京津冀合计	**548 062**	**448 669**	**258 931**	**99 392**	**91 693**
北京	294 651	271 835	161 174	22 816	20 550
天津	151 149	89 061	55 470	62 088	60 365
河北	102 262	87 773	42 287	14 488	10 778
京津冀占比 / %	**6.6**	**7.4**	**7.6**	**4.5**	**6.3**

表 3-15　京津冀地方部门属科学研究和技术服务业事业单位 R&D 经费内部支出按资金来源分布情况（2021 年）

单位：万元

地区	R&D 经费内部支出	政府资金	企业资金	国外资金	其他资金
全国	**8 307 534**	**6 720 762**	**470 436**	**2733**	**1 113 603**
京津冀合计	**548 062**	**477 356**	**23 241**	**593**	**46 872**
北京	294 651	262 181	9589	593	22 288
天津	151 149	120 972	12 985	0	17 192
河北	102 262	94 203	667	0	7392
京津冀占比 / %	**6.6**	**7.1**	**4.9**	**21.7**	**4.2**

表 3-16　京津冀地方部门属科学研究和技术服务业事业单位科技产出情况（2021 年）

项目	全国	京津冀合计	北京	天津	河北	京津冀占比 / %
发表科技论文 / 篇	**88 076**	**8051**	4961	1326	1764	**9.1**
# 国外发表	**22 099**	**2142**	1824	107	211	**9.7**
出版科技著作 / 种	**3206**	**407**	197	96	114	**12.7**
专利申请数 / 件	**33 069**	**1954**	968	486	500	**5.9**
# 发明专利	**20 779**	**1104**	579	243	282	**5.3**
有效发明专利 / 件	**55 455**	**4791**	3022	728	1041	**8.6**
专利所有权转让及许可数 / 件	**1355**	**66**	23	38	5	**4.9**
专利所有权转让及许可收入 / 万元	**37 848**	**3169**	881	2180	108	**8.4**
形成国家或行业标准数 / 项	**2721**	**247**	151	39	57	**9.1**

第四部分

工业企业

表 4-1　京津冀规模以上工业企业基本情况（2016—2021 年）

项目	2016 年	2017 年	2018 年	2019 年	2020 年	2021 年
企业数 / 个						
全国	**378 599**	**372 729**	**378 440**	**377 815**	**399 375**	**441 517**
京津冀合计	**23 302**	**22 307**	**22 432**	**21 115**	**22 387**	**24 862**
北京	3340	3231	3197	3121	3028	3073
天津	5198	4286	4292	4813	5120	5662
河北	14 764	14 790	14 943	13 181	14 239	16 127
京津冀占比 / %	**6.2**	**6.0**	**5.9**	**5.6**	**5.6**	**5.6**
有研发机构的企业数 / 个						
全国	**61 765**	**70 636**	**72 607**	**85 274**	**94 072**	**108 667**
京津冀合计	**2542**	**2191**	**1786**	**2729**	**3129**	**3366**
北京	607	546	483	447	453	454
天津	812	464	403	433	479	537
河北	1123	1181	900	1849	2197	2375
京津冀占比 / %	**4.1**	**3.1**	**2.5**	**3.2**	**3.3**	**3.1**
有 R&D 活动的企业数 / 个						
全国	**86 891**	**102 218**	**104 820**	**129 198**	**146 691**	**169 224**
京津冀合计	**4907**	**5124**	**4262**	**4776**	**5783**	**6798**
北京	1155	1192	1127	1127	1202	1243
天津	2051	1714	1387	1298	1444	1649
河北	1701	2218	1748	2351	3137	3906
京津冀占比 / %	**5.6**	**5.0**	**4.1**	**3.7**	**3.9**	**4.0**
R&D 人员全时当量 / 人年						
全国	**2 702 489**	**2 736 244**	**2 981 234**	**3 151 828**	**3 460 409**	**3 826 651**
京津冀合计	**212 450**	**189 735**	**169 165**	**166 022**	**177 736**	**174 301**
北京	51 143	52 719	46 929	44 241	46 172	41 496
天津	78 336	57 881	53 280	45 685	45 227	49 404
河北	82 971	79 135	68 956	76 096	86 337	83 401
京津冀占比	**7.9**	**6.9**	**5.7**	**5.3**	**5.1**	**4.6**

续表

项目	2016 年	2017 年	2018 年	2019 年	2020 年	2021 年
R&D 经费内部支出 / 亿元						
全国	**10 945**	**12 013**	**12 955**	**13 971**	**15 271**	**17 514**
京津冀合计	**914**	**861**	**909**	**937**	**1012**	**1135**
北京	255	269	274	285	297	314
天津	350	241	253	213	229	251
河北	309	351	382	439	486	570
京津冀占比 / %	**8.3**	**7.2**	**7.0**	**6.7**	**6.6**	**6.5**
营业收入 / 亿元						
全国	**1 158 999**	**1 133 161**	**1 049 491**	**1 067 397**	**1 083 658**	**1 314 557**
京津冀合计	**92 954**	**78 816**	**79 629**	**83 483**	**86 068**	**105 722**
北京	19 747	20 722	21 959	23 419	23 849	28 745
天津	25 888	16 144	18 107	18 969	19 006	23 043
河北	47 319	41 950	39 563	41 095	43 213	53 934
京津冀占比 / %	**8.0**	**7.0**	**7.6**	**7.8**	**7.9**	**8.0**

表 4-2 京津冀规模以上工业企业生产经营情况（2021 年）

单位：亿元

地区	资产总计	营业收入		利润总额
			# 新产品销售收入	
全国	**1 466 716**	**1 314 557**	**295 567**	**92 933**
京津冀合计	**143 322**	**105 722**	**22 735**	**7642**
北京	61 056	28 745	8253	3684
天津	23 497	23 043	4814	1503
河北	58 769	53 934	9668	2455
京津冀占比 / %	**9.8**	**8.0**	**7.7**	**8.2**

表 4-3　京津冀规模以上工业企业 R&D 人员情况（2021 年）

地区	R&D 人员 / 人		R&D 人员全时当量 / 人年	
		# 女性		# 研究人员
全国	**5 559 580**	**1 234 522**	**3 826 651**	**1 092 879**
京津冀合计	**275 245**	**63 451**	**174 301**	**58 510**
北京	61 490	17 048	41 496	18 430
天津	77 928	19 505	49 404	17 343
河北	135 827	26 898	83 401	22 737
京津冀占比 / %	**5.0**	**5.1**	**4.6**	**5.4**

表 4-4　京津冀规模以上工业企业 R&D 经费内部支出情况（2021 年）

单位：亿元

项目	全国	京津冀合计	北京	天津	河北	京津冀占比 / %
R&D 经费内部支出	**17 514**	**1135**	314	251	570	**6.5**
# 试验发展支出	**16 907**	**1097**	304	244	549	**6.5**
# 日常性支出	**16 384**	**1096**	303	237	556	**6.7**
# 人员劳务费	**5238**	**289**	114	81	94	**5.5**
资产性支出	**1130**	**39**	11	14	14	**3.5**
# 仪器和设备	**1095**	**38**	10	14	14	**3.5**
政府资金	**512**	**49**	21	3	25	**9.6**
企业资金	**16 967**	**1079**	289	245	545	**6.4**
境外资金	**23**	**4**	3	1	0	**17.4**
其他资金	**13**	**3**	1	2	0	**23.1**

表 4–5　京津冀规模以上工业企业 R&D 经费外部支出情况（2021 年）

单位：亿元

地区	R&D 经费外部支出		
		# 对境内研究机构支出	# 对境内高等学校支出
全国	**1283**	**410**	**73**
京津冀合计	**104**	**48**	**4**
北京	57	25	2
天津	20	4	1
河北	27	19	1
京津冀占比 / %	**8.1**	**11.7**	**5.5**

表 4–6　京津冀规模以上工业企业办研发机构情况（2021 年）

地区	机构数 / 个	机构人员 / 人		机构经费支出 / 亿元	仪器和设备原价 / 亿元
			# 博士和硕士		
全国	**120 367**	**4 124 619**	**510 763**	**16 879**	**11 610**
京津冀合计	**4003**	**184 109**	**33 869**	**915**	**530**
北京	548	47 048	15 283	288	147
天津	639	41 949	7971	161	123
河北	2816	95 112	10 615	466	260
京津冀占比 / %	**3.3**	**4.5**	**6.6**	**5.4**	**4.6**

表 4–7　京津冀规模以上工业企业新产品开发和销售情况（2021 年）

地区	新产品开发项目数 / 项	新产品开发经费支出 / 亿元	新产品销售收入 / 亿元	
				# 出口
全国	**958 709**	**22 653**	**295 567**	**52 417**
京津冀合计	**58 466**	**1616**	**22 735**	**3545**
北京	15 199	607	8253	2089
天津	16 501	288	4814	766
河北	26 766	721	9668	690
京津冀占比 / %	**6.1**	**7.1**	**7.7**	**6.8**

表 4-8　京津冀规模以上工业企业专利情况（2021 年）

单位：件

地区	专利申请数		有效发明专利数
		#发明专利	
全国	**1 403 611**	**494 589**	**1 691 909**
京津冀合计	**77 344**	**30 361**	**131 104**
北京	28 221	15 589	70 538
天津	18 952	5928	26 326
河北	30 171	8844	34 240
京津冀占比 /%	**5.5**	**6.1**	**7.7**

表 4-9　京津冀规模以上工业企业技术获取和技术改造支出情况（2021 年）

单位：亿元

地区	引进技术经费支出	消化吸收经费支出	购买境内技术经费支出	技术改造经费支出
全国	**508**	**81**	**464**	**3844**
京津冀合计	**13**	**6**	**43**	**161**
北京	9	6	26	27
天津	4	0	3	36
河北	0	0	14	98
京津冀占比 /%	**2.6**	**7.4**	**9.3**	**4.2**

第五部分

高等学校

表 5-1　京津冀高等学校基本情况（2016—2021 年）

项目	2016 年	2017 年	2018 年	2019 年	2020 年	2021 年
R&D 人员全时当量 / 人年						
全国	**360 049**	**382 160**	**410 893**	**565 478**	**614 763**	**671 766**
京津冀合计	**53 364**	**57 703**	**60 126**	**93 271**	**101 129**	**110 951**
北京	32 327	35 207	36 546	63 119	68 308	73 760
天津	10 355	10 664	11 752	17 267	17 167	20 618
河北	10 682	11 832	11 828	12 885	15 654	16 573
京津冀占比 / %	**14.8**	**15.1**	**14.6**	**16.5**	**16.5**	**16.5**
R&D 经费内部支出 / 亿元						
全国	**1072**	**1266**	**1458**	**1797**	**1883**	**2180**
京津冀合计	**240**	**268**	**301**	**359**	**349**	**412**
北京	160	183	216	281	262	292
天津	64	64	61	53	57	86
河北	16	21	24	25	30	34
京津冀占比 / %	**22.4**	**21.2**	**20.6**	**20.0**	**18.5**	**18.9**
R&D 课题数 / 项						
全国	**894 279**	**966 780**	**1 076 903**	**1 188 769**	**1 288 633**	**1 436 251**
京津冀合计	**137 159**	**144 576**	**158 818**	**172 173**	**183 367**	**197 512**
北京	91 089	96 187	105 930	115 571	122 153	130 853
天津	22 503	23 157	25 764	27 651	29 370	31 865
河北	23 567	25 232	27 124	28 951	31 844	34 794
京津冀占比 / %	**15.3**	**15.0**	**14.7**	**14.5**	**14.2**	**13.8**
发表科技论文 / 篇						
全国	**1 267 881**	**1 308 110**	**1 389 912**	**1 447 336**	**1 493 932**	**1 577 932**
京津冀合计	**184 357**	**193 795**	**199 354**	**202 143**	**195 951**	**205 096**
北京	118 193	127 627	129 562	131 118	126 570	132 144
天津	29 977	28 644	35 322	35 702	34 443	38 591
河北	36 187	37 524	34 470	35 323	34 938	34 361
京津冀占比 / %	**14.5**	**14.8**	**14.3**	**14.0**	**13.1**	**13.0**

续表

项目	2016 年	2017 年	2018 年	2019 年	2020 年	2021 年
专利申请数 / 件						
全国	**236 665**	**277 524**	**320 790**	**340 685**	**340 360**	**381 565**
京津冀合计	**25 838**	**28 785**	**33 252**	**35 588**	**33 828**	**36 979**
北京	14 960	15 270	17 479	19 848	19 575	24 390
天津	6044	7877	10 012	9666	6875	5993
河北	4834	5638	5761	6074	7378	6596
京津冀占比 / %	**10.9**	**10.4**	**10.4**	**10.4**	**9.9**	**9.7**
有效发明专利 / 件						
全国	**245 289**	**303 283**	**357 010**	**414 032**	**492 903**	**600 653**
京津冀合计	**49 548**	**60 411**	**66 986**	**76 655**	**86 758**	**100 698**
北京	39 047	47 511	52 806	59 498	66 823	77 715
天津	7004	8409	10 171	12 388	12 069	14 965
河北	3497	4491	4009	4769	7866	8018
京津冀占比 / %	**20.2**	**19.9**	**18.8**	**18.5**	**17.6**	**16.8**

表 5-2 京津冀高等学校 R&D 人员情况（2021 年）

项目	全国	京津冀合计	北京	天津	河北	京津冀占比 / %
学校数 / 个	**2756**	**271**	92	56	123	**9.8**
教职工数 / 人	**2 751 229**	**327 149**	156 701	48 368	122 080	**11.9**
R&D 人员合计 / 人	**1 407 976**	**213 658**	132 061	37 619	43 978	**15.2**
# 女性	**538 511**	**72 920**	37 056	12 880	22 984	**13.5**
# 博士毕业	**537 080**	**99 663**	73 264	16 646	9753	**18.6**
# 硕士毕业	**562 325**	**72 400**	34 381	13 966	24 053	**12.9**
# 本科毕业	**279 411**	**36 769**	20 899	6542	9328	**13.2**
# 全时人员	**601 316**	**101 464**	69 510	19 383	12 571	**16.9**
R&D 人员全时当量 / 人年	**671 766**	**110 951**	73 760	20 618	16 573	**16.5**
# 研究人员	**599 515**	**101 901**	67 968	18 964	14 969	**17.0**
基础研究	**319 323**	**45 933**	30 867	8322	6744	**14.4**
应用研究	**306 813**	**58 411**	39 195	9889	9327	**19.0**
试验发展	**45 630**	**6607**	3698	2407	502	**14.5**

表 5-3　京津冀高等学校 R&D 经费内部支出按活动类型分布情况（2021 年）

单位：万元

地区	R&D 经费内部支出	基础研究	应用研究	试验发展
全国	**21 804 934**	**9 045 181**	**10 540 645**	**2 219 108**
京津冀合计	**4 122 967**	**1 632 116**	**2 155 334**	**335 517**
北京	2 922 095	1 021 150	1 654 693	246 252
天津	864 177	490 176	300 331	73 670
河北	336 695	120 790	200 310	15 595
京津冀占比 / %	**18.9**	**18.0**	**20.4**	**15.1**

表 5-4　京津冀高等学校 R&D 经费内部支出按支出用途分布情况（2021 年）

单位：万元

地区	R&D 经费内部支出	日常性支出	# 人员劳务费	资产性支出	# 仪器和设备支出
全国	**21 804 934**	**17 568 408**	**5 364 503**	**4 236 525**	**2 925 507**
京津冀合计	**4 122 967**	**3 363 507**	**811 160**	**759 462**	**410 008**
北京	2 922 095	2 613 882	629 428	308 214	278 038
天津	864 177	477 652	110 314	386 525	70 970
河北	336 695	271 973	71 418	64 723	61 000
京津冀占比 / %	**18.9**	**19.1**	**15.1**	**17.9**	**14.0**

表 5-5　京津冀高等学校 R&D 经费内部支出按经费来源分布情况（2021 年）

单位：万元

地区	R&D 经费内部支出	政府资金	企业资金	国外资金	其他资金
全国	**21 804 934**	**12 491 896**	**7 103 852**	**63 150**	**2 146 036**
京津冀合计	**4 122 967**	**2 404 070**	**1 292 965**	**40 402**	**385 531**
北京	2 922 095	1 714 640	849 372	40 238	317 845
天津	864 177	508 155	318 986	159	36 877
河北	336 695	181 275	124 607	5	30 809
京津冀占比 / %	**18.9**	**19.2**	**18.2**	**64.0**	**18.0**

表 5-6　京津冀高等学校 R&D 课题情况（2021 年）

地区	R&D 课题数 / 项	投入人员 / 人年	投入经费 / 万元
全国	**1 436 251**	**671 733**	**13 435 734**
京津冀合计	**197 512**	**110 942**	**2 850 194**
北京	130 853	73 763	2 253 347
天津	31 865	20 612	444 093
河北	34 794	16 567	152 754
京津冀占比 / %	**13.8**	**16.5**	**21.2**

表 5-7　京津冀高等学校科技产出情况（2021 年）

项目	全国	京津冀合计				京津冀占比 / %
			北京	天津	河北	
发表科技论文 / 篇	**1 577 932**	**205 096**	132 144	38 591	34 361	**13.0**
# 国外发表	**683 991**	**91 494**	63 262	19 097	9135	**13.4**
出版科技著作 / 种	**44 039**	**6305**	4502	619	1184	**14.3**
专利申请数 / 件	**381 565**	**36 979**	24 390	5993	6596	**9.7**
# 发明专利	**220 640**	**28 312**	20 512	4713	3087	**12.8**
有效发明专利 / 件	**600 653**	**100 698**	77 715	14 965	8018	**16.8**
专利所有权转让及许可数 / 件	**16 293**	**1778**	918	383	477	**10.9**
专利所有权转让及许可收入 / 万元	**334 172**	**61 276**	55 230	3766	2280	**18.3**
形成国家或行业标准数 / 项	**1297**	**350**	233	5	112	**27.0**

第六部分

高技术产业

表 6-1　京津冀高技术产业基本情况（2016—2021 年）

项目	2016 年	2017 年	2018 年	2019 年	2020 年	2021 年
企业数 / 个						
全国	**30 798**	**32 027**	**33 573**	**35 833**	**40 194**	**45 646**
京津冀合计	**1961**		**1901**	**2014**	**2178**	**2362**
北京	795		799	853	884	937
天津	533	457	452	491	549	585
河北	633		650	670	745	840
京津冀占比 / %	**6.4**		**5.7**	**5.6**	**5.4**	**5.2**
研发机构数 / 个						
全国	**13 741**	**15 696**	**16 052**	**17 969**	**20 185**	**23 041**
京津冀合计	**608**	**566**	**490**	**608**	**704**	**788**
北京	293	264	228	213	246	247
天津	133	111	103	102	137	159
河北	182	191	159	293	321	382
京津冀占比 / %	**4.4**	**3.6**	**3.1**	**3.4**	**3.5**	**3.4**
R&D 人员全时当量 / 人年						
全国	**730 681**	**747 310**	**824 567**	**860 961**	**990 314**	**1 119 630**
京津冀合计	**54 898**	**54 508**	**46 023**	**42 162**	**46 830**	**48 985**
北京	23 138	23 611	21 991	20 692	23 546	23 104
天津	17 609	16 234	13 550	11 493	12 365	15 586
河北	14 151	14 663	10 482	9977	10 919	10 295
京津冀占比 / %	**7.5**	**7.3**	**5.6**	**4.9**	**4.7**	**4.4**
R&D 经费内部支出 / 亿元						
全国	**2917**	**3183**	**3559**	**3804**	**4649**	**5685**
京津冀合计	**241**	**242**	**246**	**234**	**283**	**341**
北京	130	132	134	147	158	212
天津	70	67	68	53	66	82
河北	41	43	44	34	59	47
京津冀占比 / %	**8.3**	**7.6**	**6.9**	**6.2**	**6.1**	**6.0**

续表

项目	2016 年	2017 年	2018 年	2019 年	2020 年	2021 年
从业人员平均人数 / 人						
全国	**13 418 185**		**13 176 645**	**12 880 355**	**13 866 556**	**14 668 409**
京津冀合计	**693 933**		**645 340**	**621 030**	**643 158**	**676 689**
北京	262 933		261 216	257 393	256 474	271 513
天津	222 311		186 944	178 777	185 898	186 013
河北	208 689		197 180	184 860	200 786	219 163
京津冀占比 / %	**5.2**		**4.9**	**4.8**	**4.6**	**4.6**
营业收入 / 亿元①						
全国	**153 796**	**159 376**	**157 001**	**158 849**	**174 613**	**209 896**
京津冀合计	**9908**		**9577**	**10 146**	**11 222**	**15 813**
北京	4309		5314	5850	6573	10 311
天津	3763	2729	2667	2720	2937	3339
河北	1836		1596	1576	1712	2163
京津冀占比 / %	**6.4**		**6.1**	**6.4**	**6.4**	**7.5**
利润总额 / 亿元						
全国	**10 302**		**10 293**	**10 504**	**12 394**	**18 435**
京津冀合计	**780**		**683**	**876**	**971**	**3125**
北京	321		401	522	555	2592
天津	296		157	165	200	264
河北	163		125	189	216	269
京津冀占比 / %	**7.6**		**6.6**	**8.3**	**7.8**	**17.0**

① 2016—2017 年的数据口径为主营业务收入；2018—2021 年的统计指标为营业收入。

表 6-2　京津冀高技术产业 R&D 相关情况（2021 年）

地区	有 R&D 活动的企业数 / 个	R&D 人员 / 人	# 全时人员	# 研究人员
全国	**27 075**	**1 535 736**	**1 203 982**	**532 901**
京津冀合计	**1261**	**72 105**	**57 459**	**31 099**
北京	547	32 476	26 378	15 319
天津	308	24 744	19 666	10 544
河北	406	14 885	11 415	5236
京津冀占比 / %	**4.7**	**4.7**	**4.8**	**5.8**

表 6-3　京津冀高技术产业新产品开发及销售情况（2021 年）

地区	新产品开发项目数 / 项	新产品开发经费支出 / 亿元	新产品销售收入 / 亿元	# 出口
全国	**224 577**	**7510**	**81 743**	**29 225**
京津冀合计	**15 788**	**550**	**7566**	**2689**
北京	7887	396	5388	1977
天津	3972	86	1296	549
河北	3929	68	882	163
京津冀占比 / %	**7.0**	**7.3**	**9.3**	**9.2**

表 6-4　京津冀高技术产业 R&D 经费情况（2021 年）

单位：亿元

地区	R&D 经费内部支出	# 人员劳务费	# 仪器和设备	# 政府资金	# 企业资金	R&D 经费外部支出
全国	**5685**	**2146**	**448**	**307**	**5362**	**782**
京津冀合计	**341**	**114**	**16**	**15**	**320**	**70**
北京	212	70	8	12	197	48
天津	82	32	6	2	77	12
河北	47	12	2	1	46	10
京津冀占比 / %	**6.0**	**5.3**	**3.6**	**4.9**	**6.0**	**9.0**

表 6–5　京津冀高技术产业专利情况（2021 年）

单位：件

地区	专利申请数	# 发明专利	有效发明专利数
全国	**397 524**	**197 462**	**685 428**
京津冀合计	**22 609**	**12 946**	**56 787**
北京	14 457	9231	43 932
天津	4690	2309	7327
河北	3462	1406	5528
京津冀占比 / %	**5.7**	**6.6**	**8.3**

表 6–6　京津冀高技术产业技术获取及技术改造情况（2021 年）

单位：万元

地区	技术引进经费支出	消化吸收经费支出	购买境内技术经费支出	技术改造经费支出
全国	**1 163 637**	**102 936**	**2 274 900**	**7 988 271**
京津冀合计	**3595**	**57 992**	**346 476**	**62 070**
北京	2443	57 992	235 123	5389
天津	794		6338	26 980
河北	358		105 015	29 701
京津冀占比 / %	**0.3**	**56.3**	**15.2**	**0.8**

表 6–7　京津冀高技术产业企业办研发机构情况（2021 年）

地区	有研发机构的企业数 / 个	机构数 / 个	机构人员 / 人	机构经费支出 / 亿元	# 仪器和设备
全国	**19 806**	**23 041**	**1 349 583**	**6173**	**3273**
京津冀合计	**604**	**788**	**51 314**	**275**	**117**
北京	205	247	22 373	141	55
天津	122	159	15 448	73	36
河北	277	382	13 493	61	26
京津冀占比 / %	**3.0**	**3.4**	**3.8**	**4.5**	**3.6**

表 6-8　京津冀高技术产业投资增长情况（2021 年）

单位：%

地区	全部投资增长	国有	内资	港澳台投资	外商投资
全国	**22.2**	**29.7**	**24.1**	**17.5**	**9.6**
北京	99.6	340.6	161.4	74.7	38.7
天津	22.5	–48.1	1.6	30.1	44.7
河北	7.6	–5.6	5.1	–42.0	622.1

第七部分

企业创新

表 7-1　规模（限额）以上企业创新活动总体情况（2021 年）

项目	全国	京津冀合计	北京	天津	河北	京津冀占比 / %
企业数 / 个	**978 847**	**77 226**	29 126	19 934	28 166	**7.9**
开展创新活动企业数 / 个	**433 152**	**30 723**	12 732	6531	11 460	**7.1**
# 实现创新企业	**401 901**	**27 460**	10 451	6054	10 955	**6.8**
# 同时实现四种创新企业	**74 599**	**3907**	1399	927	1581	**5.2**
# 既实现产品或工艺创新，也实现组织或营销创新的企业	**183 877**	**11 340**	4324	2534	4482	**6.2**
\# 实现产品或工艺创新，未实现组织或营销创新的企业	**88 394**	**6319**	2403	1176	2740	**7.1**
# 实现组织或营销创新，未实现产品或工艺创新的企业	**129 630**	**9801**	3724	2344	3733	**7.6**
在全部企业中占比 / %						
开展创新活动企业	**44.3**	**39.8**	43.7	32.8	40.7	
# 实现创新企业	**41.1**	**35.6**	35.9	30.4	38.9	
# 同时实现四种创新企业	**7.6**	**5.1**	4.8	4.7	5.6	
# 既实现产品或工艺创新，也实现组织或营销创新的企业	**18.8**	**14.7**	14.8	12.7	15.9	
# 实现产品或工艺创新，未实现组织或营销创新的企业	**9.0**	**8.2**	8.3	5.9	9.7	
# 实现组织或营销创新，未实现产品或工艺创新的企业	**13.2**	**12.7**	12.8	11.8	13.3	

表 7-2　规模以上工业企业创新活动总体情况（2021 年）

项目	全国	京津冀合计	北京	天津	河北	京津冀占比 / %
企业数 / 个	**441 574**	**24 837**	3077	5659	16 101	**5.6**
开展创新活动企业数 / 个	**274 714**	**13 812**	2313	3205	8294	**5.0**
# 实现创新企业	**251 763**	**12 879**	2037	2940	7902	**5.1**
# 同时实现四种创新企业	**57 688**	**2297**	329	629	1339	**4.0**
# 既实现产品或工艺创新，也实现组织或营销创新的企业	**136 076**	**6406**	1057	1629	3720	**4.7**
# 实现产品或工艺创新，未实现组织或营销创新的企业	**73 210**	**3997**	732	804	2461	**5.5**

续表

项目	全国	京津冀合计	北京	天津	河北	京津冀占比 / %
# 实现组织或营销创新，未实现产品或工艺创新的企业	**42 477**	**2476**	248	507	1721	**5.8**
在全部企业中占比 / %						
开展创新活动企业	**62.2**	**55.6**	75.2	56.6	51.5	
# 实现创新企业	**57.0**	**51.9**	66.2	52.0	49.1	
# 同时实现四种创新企业	**13.1**	**9.2**	10.7	11.1	8.3	
# 既实现产品或工艺创新，也实现组织或营销创新的企业	**30.8**	**25.8**	34.4	28.8	23.1	
# 实现产品或工艺创新，未实现组织或营销创新的企业	**16.6**	**16.1**	23.8	14.2	15.3	
# 实现组织或营销创新，未实现产品或工艺创新的企业	**9.6**	**10.0**	8.1	9.0	10.7	

表 7-3　资质等级以上建筑业企业创新活动总体情况（2021 年）

项目	全国	京津冀合计	北京	天津	河北	京津冀占比 / %
企业数 / 个	**63 278**	**4925**	1926	1372	1627	**7.8**
开展创新活动企业数 / 个	**19 938**	**1478**	594	412	472	**7.4**
# 实现创新企业	**19 052**	**1379**	537	384	458	**7.2**
# 同时实现四种创新企业	**1886**	**134**	53	43	38	**7.1**
# 既实现产品或工艺创新，也实现组织或营销创新的企业	**6323**	**503**	220	139	144	**8.0**
# 实现产品或工艺创新，未实现组织或营销创新的企业	**2479**	**268**	149	68	51	**10.8**
# 实现组织或营销创新，未实现产品或工艺创新的企业	**10 250**	**608**	168	177	263	**5.9**
在全部企业中占比 / %						
开展创新活动企业	**31.5**	**30.0**	30.8	30.0	29.0	
# 实现创新企业	**30.1**	**28.0**	27.9	28.0	28.2	
# 同时实现四种创新企业	**3.0**	**2.7**	2.8	3.1	2.3	
# 既实现产品或工艺创新，也实现组织或营销创新的企业	**10.0**	**10.2**	11.4	10.1	8.9	
# 实现产品或工艺创新，未实现组织或营销创新的企业	**3.9**	**5.4**	7.7	5.0	3.1	
# 实现组织或营销创新，未实现产品或工艺创新的企业	**16.2**	**12.3**	8.7	12.9	16.2	

表 7–4　规模（限额）以上服务业企业创新活动总体情况（2021 年）

项目	全国	京津冀合计				京津冀占比 / %
			北京	天津	河北	
企业数 / 个	**473 995**	**47 464**	24 123	12 903	10 438	**10.0**
开展创新活动企业数 / 个	**138 500**	**15 433**	9825	2914	2694	**11.1**
# 实现创新企业	**131 086**	**13 202**	7877	2730	2595	**10.1**
# 同时实现四种创新企业	**15 025**	**1476**	1017	255	204	**9.8**
# 既实现产品或工艺创新，也实现组织或营销创新的企业	**41 478**	**4431**	3047	766	618	**10.7**
# 实现产品或工艺创新，未实现组织或营销创新的企业	**12 705**	**2054**	1522	304	228	**16.2**
# 实现组织或营销创新，未实现产品或工艺创新的企业	**76 903**	**6717**	3308	1660	1749	**8.7**
在全部企业中占比 / %						
开展创新活动企业	**29.2**	**32.5**	40.7	22.6	25.8	
# 实现创新企业	**27.7**	**27.8**	32.7	21.2	24.9	
# 同时实现四种创新企业	**3.2**	**3.1**	4.2	2.0	2.0	
# 既实现产品或工艺创新，也实现组织或营销创新的企业	**8.8**	**9.3**	12.6	5.9	5.9	
# 实现产品或工艺创新，未实现组织或营销创新的企业	**2.7**	**4.3**	6.3	2.4	2.2	
# 实现组织或营销创新，未实现产品或工艺创新的企业	**16.2**	**14.2**	13.7	12.9	16.8	

表 7–5　规模以上高技术产业（制造业）创新活动总体情况（2021 年）

项目	全国	京津冀合计				京津冀占比 / %
			北京	天津	河北	
企业数 / 个	**45 586**	**2357**	937	583	837	**5.2**
开展创新活动企业数 / 个	**37 662**	**1965**	869	459	637	**5.2**
# 实现创新企业	**35 268**	**1797**	759	424	614	**5.1**
# 同时实现四种创新企业	**10 397**	**382**	124	111	147	**3.7**
# 既实现产品或工艺创新，也实现组织或营销创新的企业	**22 861**	**1071**	418	284	369	**4.7**
# 实现产品或工艺创新，未实现组织或营销创新的企业	**8979**	**570**	270	105	195	**6.3**

续表

项目	全国	京津冀合计				京津冀占比 / %
			北京	天津	河北	
# 实现组织或营销创新，未实现产品或工艺创新的企业	**3428**	**156**	71	35	50	**4.6**
在全部企业中占比 / %						
开展创新活动企业	**82.6**	**83.4**	92.7	78.7	76.1	
# 实现创新企业	**77.4**	**76.2**	81.0	72.7	73.4	
# 同时实现四种创新企业	**22.8**	**16.2**	13.2	19.0	17.6	
# 既实现产品或工艺创新，也实现组织或营销创新的企业	**50.1**	**45.4**	44.6	48.7	44.1	
# 实现产品或工艺创新，未实现组织或营销创新的企业	**19.7**	**24.2**	28.8	18.0	23.3	
# 实现组织或营销创新，未实现产品或工艺创新的企业	**7.5**	**6.6**	7.6	6.0	6.0	

表 7-6 规模（限额）以上企业产品和工艺创新分布情况（2021 年）

项目	全国	京津冀合计				京津冀占比 / %
			北京	天津	河北	
开展产品或工艺创新活动企业数 / 个	**324 368**	**22 690**	10 098	4530	8062	**7.0**
# 实现产品或工艺创新企业	**272 271**	**17 659**	6727	3710	7222	**6.5**
# 实现产品创新企业	**195 492**	**11 656**	4699	2482	4475	**6.0**
# 实现工艺创新企业	**222 507**	**14 133**	5080	3053	6000	**6.4**
未开展产品或工艺创新活动企业数 / 个	**654 479**	**54 536**	19 028	15 404	20 104	**8.3**
在全部企业中占比 / %						
开展产品或工艺创新活动企业	**33.1**	**29.4**	34.7	22.7	28.6	
# 实现产品或工艺创新企业	**27.8**	**22.9**	23.1	18.6	25.6	
# 实现产品创新企业	**20.0**	**15.1**	16.1	12.5	15.9	
# 实现工艺创新企业	**22.7**	**18.3**	17.4	15.3	21.3	

表 7-7　规模以上工业企业产品和工艺创新分布情况（2021 年）

项目	全国	京津冀合计	北京	天津	河北	京津冀占比 / %
开展产品或工艺创新活动企业数 / 个	**245 005**	**11 831**	2198	2855	6778	**4.8**
# 实现产品或工艺创新企业	**209 286**	**10 403**	1789	2433	6181	**5.0**
# 实现产品创新企业	**157 938**	**7116**	1434	1759	3923	**4.5**
# 实现工艺创新企业	**170 200**	**8344**	1232	2004	5108	**4.9**
未开展产品或工艺创新活动企业数 / 个	**196 569**	**13 006**	879	2804	9323	**6.6**
在全部企业中占比 / %						
开展产品或工艺创新活动企业	**55.5**	**47.6**	71.4	50.5	42.1	
# 实现产品或工艺创新企业	**47.4**	**41.9**	58.1	43.0	38.4	
# 实现产品创新企业	**35.8**	**28.7**	46.6	31.1	24.4	
# 实现工艺创新企业	**38.5**	**33.6**	40.0	35.4	31.7	

表 7-8　资质等级以上建筑业企业产品和工艺创新分布情况（2021 年）

项目	全国	京津冀合计	北京	天津	河北	京津冀占比 / %
开展产品或工艺创新活动企业数 / 个	**10 703**	**933**	452	261	220	**8.7**
# 实现产品或工艺创新企业	**8802**	**771**	369	207	195	**8.8**
# 实现产品创新企业	**4187**	**365**	172	104	89	**8.7**
# 实现工艺创新企业	**8214**	**725**	347	190	188	**8.8**
未开展产品或工艺创新活动企业数 / 个	**52 575**	**3992**	1474	1111	1407	**7.6**
在全部企业中占比 / %						
开展产品或工艺创新活动企业	**16.9**	**18.9**	23.5	19.0	13.5	
# 实现产品或工艺创新企业	**13.9**	**15.7**	19.2	15.1	12.0	
# 实现产品创新企业	**6.6**	**7.4**	8.9	7.6	5.5	
# 实现工艺创新企业	**13.0**	**14.7**	18.0	13.8	11.6	

表 7-9　规模（限额）以上服务业企业产品和工艺创新分布情况（2021 年）

项目	全国	京津冀合计	北京	天津	河北	京津冀占比 / %
开展产品或工艺创新活动企业数 / 个	**68 660**	**9926**	7448	1414	1064	**14.5**
# 实现产品或工艺创新企业	**54 183**	**6485**	4569	1070	846	**12.0**
# 实现产品创新企业	**33 367**	**4175**	3093	619	463	**12.5**
# 实现工艺创新企业	**44 093**	**5064**	3501	859	704	**11.5**
未开展产品或工艺创新活动企业数 / 个	**405 335**	**37 538**	16 675	11 489	9374	**9.3**
在全部企业中占比 / %						
开展产品或工艺创新活动企业	**14.5**	**20.9**	30.9	11.0	10.2	
# 实现产品或工艺创新企业	**11.4**	**13.7**	18.9	8.3	8.1	
# 实现产品创新企业	**7.0**	**8.8**	12.8	4.8	4.4	
# 实现工艺创新企业	**9.3**	**10.7**	14.5	6.7	6.7	

表 7-10　规模以上高技术产业（制造业）产品和工艺创新分布情况（2021 年）

项目	全国	京津冀合计	北京	天津	河北	京津冀占比 / %
开展产品或工艺创新活动企业数 / 个	**36 103**	**1903**	855	446	602	**5.3**
# 实现产品或工艺创新企业	**31 840**	**1641**	688	389	564	**5.2**
# 实现产品创新企业	**25 996**	**1304**	568	314	422	**5.0**
# 实现工艺创新企业	**25 690**	**1202**	443	314	445	**4.7**
未开展产品或工艺创新活动企业数 / 个	**9483**	**454**	82	137	235	**4.8**
在全部企业中占比 / %						
开展产品或工艺创新活动企业	**79.2**	**80.7**	91.2	76.5	71.9	
# 实现产品或工艺创新企业	**69.8**	**69.6**	73.4	66.7	67.4	
# 实现产品创新企业	**57.0**	**55.3**	60.6	53.9	50.4	
# 实现工艺创新企业	**56.4**	**51.0**	47.3	53.9	53.2	

表 7-11　规模（限额）以上企业产品创新开发情况（2021 年）

项目	全国	京津冀合计	北京	天津	河北
实现产品创新企业数 / 个	**195 492**	**11 656**	4699	2482	4475
在实现产品创新企业中占比 / %					
本企业独立开发或与集团内企业合作开发	**84.0**	**85.9**	86.3	83.8	86.7
本企业与境内其他企业合作开发	**10.1**	**13.1**	18.2	14.5	7.0
本企业与境内研究机构或高等学校合作开发	**8.5**	**8.4**	9.4	9.3	6.8
本企业与境外企业或机构合作开发	**1.8**	**1.9**	2.7	2.4	0.8
在其他单位开发的基础上调整或改进，或委托其他企业或机构代开发的	**7.9**	**7.5**	9.2	7.4	5.9
其他	**8.4**	**5.8**	3.9	6.8	7.3

表 7-12　规模以上工业企业产品创新开发情况（2021 年）

项目	全国	京津冀合计	北京	天津	河北
实现产品创新企业数 / 个	**157 938**	**7116**	1434	1759	3923
在实现产品创新企业中占比 / %					
本企业独立开发或与集团内企业合作开发	**87.3**	**89.5**	90.3	89.1	89.4
本企业与境内其他企业合作开发	**8.0**	**8.8**	12.5	11.8	6.1
本企业与境内研究机构或高等学校合作开发	**8.2**	**7.1**	8.2	7.7	6.4
本企业与境外企业或机构合作开发	**1.6**	**1.8**	3.5	2.7	0.7
在其他单位开发的基础上调整或改进，或委托其他企业或机构代开发的	**6.0**	**5.1**	6.3	5.1	4.7
其他	**6.6**	**4.6**	2.0	4.1	5.8

表 7-13 资质等级以上建筑业企业产品创新开发情况（2021 年）

项目	全国	京津冀合计	北京	天津	河北
实现产品创新企业数 / 个	4187	365	172	104	89
在实现产品创新企业中占比 / %					
本企业独立开发或与集团内企业合作开发	64.9	74.0	82.0	72.1	60.7
本企业与境内其他企业合作开发	20.6	28.0	32.0	27.9	20.2
本企业与境内研究机构或高等学校合作开发	16.5	21.7	22.7	21.2	20.2
本企业与境外企业或机构合作开发	2.3	2.2	1.2	2.9	3.4
在其他单位开发的基础上调整或改进，或委托其他企业或机构代开发的	22.5	17.8	19.8	14.4	18.0
其他	18.9	12.6	6.4	13.5	23.6

表 7-14 规模（限额）以上服务业企业产品创新开发情况（2021 年）

项目	全国	京津冀合计	北京	天津	河北
实现产品创新企业数 / 个	33 367	4175	3093	619	463
在实现产品创新企业中占比 / %					
本企业独立开发或与集团内企业合作开发	70.6	80.9	84.6	70.8	69.5
本企业与境内其他企业合作开发	18.7	19.3	20.1	20.2	12.7
本企业与境内研究机构或高等学校合作开发	8.8	9.4	9.2	11.8	7.8
本企业与境外企业或机构合作开发	2.7	2.1	2.4	1.6	1.1
在其他单位开发的基础上调整或改进，或委托其他企业或机构代开发的	15.1	10.7	9.9	12.8	13.6
其他	15.6	7.2	4.6	13.4	16.8

表 7-15 规模以上高技术产业（制造业）产品创新开发情况（2021 年）

项目	全国	京津冀合计	北京	天津	河北
实现产品创新企业数 / 个	**25 996**	**1304**	568	314	422
在实现产品创新企业中占比 / %					
本企业独立开发或与集团内企业合作开发	**88.8**	**91.3**	91.4	89.8	92.2
本企业与境内其他企业合作开发	**11.4**	**13.5**	12.3	17.2	12.3
本企业与境内研究机构或高等学校合作开发	**10.0**	**9.7**	7.6	12.7	10.2
本企业与境外企业或机构合作开发	**2.1**	**2.7**	2.8	4.1	1.4
在其他单位开发的基础上调整或改进，或委托其他企业或机构代开发的	**6.4**	**5.7**	5.8	6.1	5.2
其他	**5.4**	**2.1**	2.1	2.2	1.9

表 7-16 规模（限额）以上企业工艺创新开发情况（2021 年）

项目	全国	京津冀合计	北京	天津	河北
实现工艺创新企业数 / 个	**222 507**	**14 133**	5080	3053	6000
在实现工艺创新企业中占比 / %					
本企业独立开发或与集团内企业合作开发	**73.0**	**72.6**	72.3	70.3	74.1
本企业与境内其他企业合作开发	**12.9**	**15.1**	20.8	16.3	9.7
本企业与境内研究机构或高等学校合作开发	**7.7**	**7.2**	8.4	7.1	6.3
本企业与境外企业或机构合作开发	**1.5**	**1.5**	1.9	2.0	0.8
在其他单位开发的基础上调整或改进，或委托其他企业或机构代开发的	**14.0**	**15.0**	18.5	16.7	11.2
其他	**13.1**	**11.1**	8.0	11.3	13.7

表 7-17　规模以上工业企业工艺创新开发情况（2021 年）

项目	全国	京津冀合计			
			北京	天津	河北
实现工艺创新企业数 / 个	**170 200**	**8344**	1232	2004	5108
在实现工艺创新企业中占比 / %					
本企业独立开发或与集团内企业合作开发	**78.7**	**78.6**	81.4	78.0	78.2
本企业与境内其他企业合作开发	**11.4**	**11.9**	19.8	15.2	8.7
本企业与境内研究机构或高等学校合作开发	**7.8**	**6.4**	7.8	6.3	6.1
本企业与境外企业或机构合作开发	**1.4**	**1.4**	2.6	2.4	0.7
在其他单位开发的基础上调整或改进，或委托其他企业或机构代开发的	**10.7**	**10.3**	11.0	12.8	9.1
其他	**10.2**	**9.8**	4.9	7.7	11.7

表 7-18　资质等级以上建筑业企业工艺创新开发情况（2021 年）

项目	全国	京津冀合计			
			北京	天津	河北
实现工艺创新企业数 / 个	**8214**	**725**	347	190	188
在实现工艺创新企业中占比 / %					
本企业独立开发或与集团内企业合作开发	**55.6**	**66.1**	74.6	63.2	53.2
本企业与境内其他企业合作开发	**16.4**	**20.3**	23.6	22.1	12.2
本企业与境内研究机构或高等学校合作开发	**13.0**	**17.0**	17.9	16.3	16.0
本企业与境外企业或机构合作开发	**1.3**	**0.8**	0.6	0.5	1.6
在其他单位开发的基础上调整或改进，或委托其他企业或机构代开发的	**26.4**	**22.5**	21.6	24.2	22.3
其他	**22.9**	**14.1**	6.9	14.2	27.1

表 7-19　规模（限额）以上服务业企业工艺创新开发情况（2021 年）

项目	全国	京津冀合计	北京	天津	河北
实现工艺创新企业数 / 个	**44 093**	**5064**	3501	859	704
在实现工艺创新企业中占比 / %					
本企业独立开发或与集团内企业合作开发	**54.2**	**63.7**	68.9	53.9	49.6
本企业与境内其他企业合作开发	**18.1**	**19.7**	20.9	17.6	16.1
本企业与境内研究机构或高等学校合作开发	**6.6**	**7.3**	7.7	7.1	5.4
本企业与境外企业或机构合作开发	**1.9**	**1.5**	1.7	1.2	1.0
在其他单位开发的基础上调整或改进，或委托其他企业或机构代开发的	**24.4**	**21.7**	20.8	24.2	23.3
其他	**22.5**	**13.0**	9.2	19.1	24.3

表 7-20　规模以上高技术产业（制造业）工艺创新开发情况（2021 年）

项目	全国	京津冀合计	北京	天津	河北
实现工艺创新企业数 / 个	**25 690**	**1202**	443	314	445
在实现工艺创新企业中占比 / %					
本企业独立开发或与集团内企业合作开发	**81.2**	**81.4**	82.4	78.7	82.2
本企业与境内其他企业合作开发	**14.9**	**18.5**	21.0	20.7	14.4
本企业与境内研究机构或高等学校合作开发	**9.2**	**8.4**	6.3	8.0	10.8
本企业与境外企业或机构合作开发	**1.9**	**2.5**	3.6	3.5	0.7
在其他单位开发的基础上调整或改进，或委托其他企业或机构代开发的	**11.2**	**10.1**	9.0	13.7	8.5
其他	**8.3**	**6.4**	5.6	5.7	7.6

表 7-21　规模（限额）以上企业新产品情况（2021 年）

项目	全国	京津冀合计	北京	天津	河北
实现产品创新企业数 / 个	**195 492**	**11 656**	4699	2482	4475
在实现产品创新企业中占比 / %					
有市场新产品的企业	**58.2**	**55.2**	54.0	58.5	54.7
有本企业新产品的企业	**100.0**	**100.0**	100.0	100.0	100.0
新产品销售收入 / 亿元	**459 366**	**54 028**	31 320	10 063	12 645
新产品销售收入占营业收入的比重 / %	**16.2**	**16.4**	18.2	13.3	15.5
仅市场新的产品	**6.2**	**5.1**	5.9	3.6	4.9
仅本企业新的产品	**10.1**	**11.3**	12.3	9.7	10.6

表 7-22　规模以上工业企业新产品情况（2021 年）

项目	全国	京津冀合计	北京	天津	河北
实现产品创新企业数 / 个	**157 938**	**7116**	1434	1759	3923
在实现产品创新企业中占比 / %					
有国际市场新产品的企业	**17.9**	**14.6**	14.5	17.5	13.3
有国内市场新产品的企业	**58.1**	**56.7**	60.3	60.3	53.8
由本企业新产品的企业	**100.0**	**100.0**	100.0	100.0	100.0
新产品销售收入 / 亿元	**295 567**	**22 735**	8253	4814	9668
新产品销售收入占营业收入的比重 / %	**22.5**	**21.7**	29.3	20.9	18.0
仅国际市场新的产品	**2.5**	**3.1**	8.5	1.7	0.9
仅国内市场新的产品	**7.0**	**5.5**	7.6	5.1	4.6
仅本企业新的产品	**12.9**	**13.0**	13.2	14.1	12.4

表 7-23　资质等级以上建筑业企业新产品情况（2021 年）

项目	全国	京津冀合计	北京	天津	河北
实现产品创新企业数 / 个	**4187**	**365**	172	104	89
在实现产品创新企业中占比 / %					
有市场新产品的企业	**65.0**	**63.6**	60.5	56.7	77.5
有本企业新产品的企业	**100.0**	**100.0**	100.0	100.0	100.0
新产品销售收入 / 亿元	**65 301**	**9562**	6181	1708	1673
新产品销售收入占营业收入的比重 / %	**27.1**	**34.5**	35.0	37.2	30.5
仅市场新的产品	**9.0**	**11.4**	11.1	10.2	13.4
仅本企业新的产品	**18.1**	**23.1**	23.9	27.0	17.2

表 7-24　规模（限额）以上服务业企业新产品情况（2021 年）

项目	全国	京津冀合计	北京	天津	河北
实现产品创新企业数 / 个	**33 367**	**4175**	3093	619	463
在实现产品创新企业中占比 / %					
有市场新产品的企业	**58.2**	**51.9**	50.7	53.6	57.2
有本企业新产品的企业	**100.0**	**100.0**	100.0	100.0	100.0
新产品销售收入 / 亿元	**98 498**	**21 732**	16 887	3541	1304
新产品销售收入占营业收入的比重 / %	**7.7**	**11.0**	13.4	7.4	5.8
仅市场新的产品	**2.1**	**2.4**	2.9	1.5	1.2
仅本企业新的产品	**5.6**	**8.7**	10.5	5.9	4.6

表 7-25 规模以上高技术产业（制造业）新产品情况（2021 年）

项目	全国	京津冀合计	北京	天津	河北
实现产品创新企业数 / 个	25 996	1304	568	314	422
在实现产品创新企业中占比 / %					
有国际市场新产品的企业	22.9	17.2	17.6	20.4	14.2
有国内市场新产品的企业	63.7	60.4	61.3	64.0	56.6
由本企业新产品的企业	100.0	100.0	100.0	100.0	100.0
新产品销售收入 / 亿元	81 743	7567	5388	1297	882
新产品销售收入占营业收入的比重 / %	39.3	48.7	53.6	38.8	41.0
仅国际市场新的产品	9.0	16.7	22.1	7.6	5.7
仅国内市场新的产品	11.7	10.4	10.6	9.7	10.5
仅本企业新的产品	18.6	21.5	20.8	21.5	24.8

表 7-26 资质等级以上建筑业企业工艺创新新颖度类别情况（2021 年）

项目	全国	京津冀合计	北京	天津	河北
实现工艺创新企业数 / 个	8214	725	347	190	188
在实现工艺创新企业中占比 / %					
有市场新工艺的企业	59.2	54.9	51.6	50.0	66.0
有本企业新工艺的企业	100.0	100.0	100.0	100.0	100.0
工艺创新贡献的营业收入 / 亿元	97 182	13 271	8696	2198	2377
工艺创新贡献的营业收入占营业收入的比重 / %	40.4	47.8	49.2	47.9	43.4
仅市场新的工艺	12.0	13.1	12.6	11.9	15.5
仅本企业新的工艺	28.4	34.8	36.6	36.0	27.9

表 7-27　规模（限额）以上企业产品或工艺创新活动类型情况（2021 年）

项目	全国	京津冀合计	北京	天津	河北
开展产品或工艺创新活动企业数 / 个	**324 368**	**22 690**	10 098	4530	8062
在开展产品或工艺创新活动企业中占比 / %					
内部研发	**61.2**	**44.9**	34.6	51.6	54.1
外部研发	**8.4**	**9.2**	11.5	9.3	6.3
获得机器设备和软件	**59.9**	**49.1**	36.5	40.6	69.7
从外部获得相关技术	**3.4**	**4.6**	6.8	4.3	2.1
相关培训	**37.4**	**36.9**	35.6	43.3	34.8
市场推介	**17.6**	**17.4**	18.1	18.9	15.6
相关设计	**18.0**	**14.1**	12.9	16.5	14.3
其他创新活动	**24.2**	**24.3**	24.8	29.4	20.9

表 7-28　规模以上工业企业产品或工艺创新活动类型情况（2021 年）

项目	全国	京津冀合计	北京	天津	河北
开展产品或工艺创新活动企业数 / 个	**245 005**	**11 831**	2198	2855	6778
在开展产品或工艺创新活动企业中占比 / %					
内部研发	**69.1**	**57.5**	56.6	57.8	57.6
外部研发	**7.4**	**7.9**	15.1	8.1	5.4
获得机器设备和软件	**71.1**	**73.6**	90.8	50.3	77.8
从外部获得相关技术	**1.3**	**1.2**	2.1	1.0	1.0
相关培训	**36.3**	**38.3**	45.1	45.5	33.0
市场推介	**16.6**	**18.2**	26.2	20.2	14.7
相关设计	**19.9**	**18.5**	24.3	22.0	15.2
其他创新活动	**24.0**	**25.7**	34.7	31.0	20.5

表 7-29　资质等级以上建筑业企业产品或工艺创新活动类型情况（2021 年）

项目	全国	京津冀合计	北京	天津	河北
开展产品或工艺创新活动企业数 / 个	**10 703**	**933**	452	261	220
在开展产品或工艺创新活动企业中占比 / %					
内部研发	**45.1**	**46.4**	44.5	55.2	40.0
外部研发	**11.8**	**14.2**	15.3	13.4	12.7
获得机器设备和软件	**31.7**	**32.6**	28.8	32.2	40.9
从外部获得相关技术	**11.4**	**11.1**	11.1	11.9	10.0
相关培训	**46.7**	**49.2**	52.4	42.5	50.5
市场推介	**22.3**	**20.8**	18.6	18.8	27.7
相关设计	**6.4**	**7.2**	6.4	6.9	9.1
其他创新活动	**30.0**	**31.7**	31.9	33.3	29.5

表 7-30　规模（限额）以上服务业企业产品或工艺创新活动类型情况（2021 年）

项目	全国	京津冀合计	北京	天津	河北
开展产品或工艺创新活动企业数 / 个	**68 660**	**9926**	7448	1414	1064
在开展产品或工艺创新活动企业中占比 / %					
内部研发	**35.7**	**29.8**	27.5	38.5	34.2
外部研发	**11.8**	**10.4**	10.2	11.2	10.3
获得机器设备和软件	**24.0**	**21.5**	21.0	22.6	23.6
从外部获得相关技术	**9.8**	**8.1**	7.9	9.6	7.7
相关培训	**40.2**	**33.9**	31.7	38.9	42.8
市场推介	**20.3**	**16.1**	15.7	16.3	18.4
相关设计	**13.0**	**9.5**	9.9	7.4	9.3
其他创新活动	**24.2**	**22.0**	21.5	25.2	21.7

表 7-31　规模以上高技术产业（制造业）产品或工艺创新活动类型情况（2021 年）

项目	全国	京津冀合计	北京	天津	河北
开展产品或工艺创新活动企业数 / 个	**36 103**	**1903**	855	446	602
在开展产品或工艺创新活动企业中占比 / %					
内部研发	**75.0**	**66.3**	64.0	69.1	67.4
外部研发	**14.7**	**19.5**	21.9	17.3	17.8
获得机器设备和软件	**74.8**	**81.8**	92.2	57.0	85.4
从外部获得相关技术	**2.2**	**1.9**	1.5	1.8	2.7
相关培训	**46.0**	**47.5**	46.9	53.6	43.7
市场推介	**23.2**	**28.0**	31.0	27.6	24.1
相关设计	**27.4**	**26.4**	26.8	28.0	24.6
其他创新活动	**32.6**	**34.0**	35.3	41.5	26.6

表 7-32　规模以上工业企业创新费用支出情况（2021 年）

项目	全国	京津冀合计	北京	天津	河北	京津冀占比 / %
创新费用支出合计 / 亿元	**28 790**	**1926**	627	374	924	**6.7**
内部研发经费支出	**17 514**	**1135**	314	251	570	**6.5**
所占比重 / %	**60.8**	**59.0**	50.0	67.1	61.7	
外部研发经费支出	**1283**	**104**	57	20	27	**8.1**
所占比重 / %	**4.5**	**5.4**	9.0	5.4	3.0	
获得机器设备和软件经费支出	**9020**	**630**	222	96	312	**7.0**
所占比重 / %	**31.3**	**32.7**	35.4	25.6	33.7	
从外部获取相关技术经费支出	**972**	**57**	35	7	15	**5.9**
所占比重 / %	**3.4**	**3.0**	5.6	1.9	1.6	

表 7-33　规模以上高技术产业（制造业）创新费用支出情况（2021 年）

项目	全国	京津冀合计				京津冀占比 / %
			北京	天津	河北	
创新费用支出合计 / 亿元	**8938**	**587**	389	107	91	**6.6**
内部研发经费支出	**5685**	**341**	212	82	47	**6.0**
所占比重 / %	**63.6**	**58.1**	54.5	76.1	52.0	
外部研发经费支出	**782**	**70**	48	12	10	**9.0**
所占比重 / %	**8.7**	**11.9**	12.4	10.9	11.3	
获得机器设备和软件经费支出	**2128**	**141**	105	13	23	**6.6**
所占比重 / %	**23.8**	**24.0**	26.9	12.3	25.1	
从外部获取相关技术经费支出	**344**	**36**	24	1	11	**10.5**
所占比重 / %	**3.8**	**6.1**	6.1	0.7	11.6	

表 7-34　规模（限额）以上企业创新信息来源情况（2021 年）

项目	全国	京津冀合计			
			北京	天津	河北
开展产品或工艺创新活动企业数 / 个	**433 152**	**30 723**	12 732	6531	11 460
在开展产品或工艺创新活动企业中占比 / %					
企业内部信息或企业集团内部消息	**37.7**	**37.1**	38.0	38.5	35.2
来自高等学校或研究机构的信息	**9.7**	**9.9**	10.7	9.6	9.3
来自政府部门或行业协会的信息	**26.9**	**27.8**	29.1	27.7	26.3
来自设备、原材料、组件或软件供应商的信息	**24.5**	**19.6**	14.6	23.7	22.9
来自客户或消费者的信息	**44.7**	**42.7**	43.0	44.7	41.2
来自竞争对手、同行业其他企业的信息	**28.8**	**27.4**	29.6	28.3	24.5
来自咨询机构、市场分析及中介机构的信息	**11.0**	**10.6**	11.8	10.6	9.4
来自商品交易展会、展览会的信息或来自文献期刊、出版物的信息或互联网媒体的信息	**19.8**	**18.9**	17.6	19.5	20.0
其他	**7.3**	**5.9**	3.6	5.3	8.8

表 7-35 规模以上工业企业创新信息来源情况（2021 年）

项目	全国	京津冀合计	北京	天津	河北
开展产品或工艺创新活动企业数 / 个	**274 714**	**13 812**	2313	3205	8294
在开展产品或工艺创新活动企业中占比 / %					
企业内部信息或企业集团内部消息	**39.1**	**38.3**	41.9	42.7	35.6
来自高等学校或研究机构的信息	**11.0**	**11.3**	13.8	11.2	10.6
来自政府部门或行业协会的信息	**24.3**	**25.8**	30.7	25.8	24.5
来自设备、原材料、组件或软件供应商的信息	**27.4**	**25.0**	19.7	28.7	25.1
来自客户或消费者的信息	**46.1**	**45.2**	51.4	50.9	41.3
来自竞争对手、同行业其他企业的信息	**27.9**	**26.9**	35.5	29.8	23.3
来自咨询机构、市场分析及中介机构的信息	**9.5**	**8.4**	9.0	8.9	8.0
来自商品交易展会、展览会的信息或来自文献期刊、出版物的信息或互联网媒体的信息	**21.8**	**22.6**	25.7	23.0	21.6
其他	**6.2**	**6.4**	3.5	4.2	8.0

表 7-36 规模（限额）以上企业创新合作开展情况（2021 年）

项目	全国	京津冀合计	北京	天津	河北
开展创新合作的企业数 / 个	**273 354**	**17 066**	6867	3829	6370
创新合作企业占全部企业的比重 / %	**27.9**	**22.1**	23.6	19.2	22.6
在创新合作企业中，与下列伙伴开展合作的企业占比 / %					
集团内其他企业	**31.6**	**36.5**	43.9	38.3	27.5
高等学校	**25.0**	**26.6**	29.4	24.2	25.1
研究机构	**14.3**	**16.6**	19.5	13.2	15.4
政府部门或行业协会	**21.4**	**22.0**	24.6	17.8	21.6
供应商	**39.3**	**34.3**	30.6	38.6	35.8
客户或消费者	**48.5**	**44.2**	42.1	46.8	44.9
竞争对手或同行业企业	**20.6**	**18.3**	19.1	17.7	17.9
咨询顾问、市场分析及中介机构	**17.6**	**16.1**	17.9	15.6	14.4
其他合作对象	**19.6**	**17.1**	14.8	17.5	19.4

表 7-37　规模以上工业企业创新合作开展情况（2021 年）

项目	全国	京津冀合计			
			北京	天津	河北
开展创新合作的企业数 / 个	**178 930**	**8167**	1484	2030	4653
创新合作企业占全部企业的比重 / %	**40.5**	**32.9**	48.2	35.9	28.9
在创新合作企业中，与下列伙伴开展合作的企业占比 / %					
集团内其他企业	**30.4**	**32.7**	44.7	38.2	26.4
高等学校	**28.1**	**29.6**	36.4	28.0	28.1
研究机构	**16.5**	**18.8**	26.2	15.8	17.8
政府部门或行业协会	**18.2**	**18.1**	19.1	14.9	19.1
供应商	**42.9**	**39.1**	36.0	43.5	38.2
客户或消费者	**48.3**	**44.1**	40.0	47.6	43.8
竞争对手或同行业企业	**18.1**	**15.6**	15.0	14.5	16.2
咨询顾问、市场分析及中介机构	**16.1**	**12.9**	12.0	12.5	13.3
其他合作对象	**16.3**	**14.9**	10.7	13.1	17.1

表 7-38　规模（限额）以上企业创新合作伙伴情况（2021 年）

项目	全国	京津冀合计			
			北京	天津	河北
开展创新合作的企业数 / 个	**273 354**	**17 066**	6867	3829	6370
在创新合作企业中，下列合作伙伴对企业创新有较大价值的企业占比 / %					
集团内其他企业	**27.3**	**31.7**	38.3	33.7	23.5
高等学校	**21.0**	**22.6**	24.6	20.7	21.6
研究机构	**11.5**	**13.5**	15.8	10.9	12.6
政府部门或行业协会	**18.0**	**18.6**	20.9	15.0	18.4
供应商	**33.3**	**29.0**	25.5	33.6	29.9
客户或消费者	**44.3**	**40.6**	39.1	43.5	40.4
竞争对手或同行业企业	**17.1**	**15.0**	16.0	13.8	14.6
咨询顾问、市场分析及中介机构	**13.7**	**12.6**	13.8	12.6	11.2
其他合作对象	**14.2**	**12.9**	11.0	13.0	14.8

表 7-39　规模以上工业企业创新合作伙伴情况（2021 年）

项目	全国	京津冀合计	北京	天津	河北
开展创新合作的企业数 / 个	**178 930**	**8167**	1484	2030	4653
在创新合作企业中，下列合作伙伴对企业创新有较大价值的企业占比 / %					
集团内其他企业	**26.3**	**28.2**	38.6	34.1	22.4
高等学校	**23.8**	**25.6**	30.8	24.2	24.5
研究机构	**13.5**	**15.8**	22.4	12.9	14.9
政府部门或行业协会	**15.0**	**15.0**	16.2	11.8	16.1
供应商	**36.6**	**33.2**	29.9	38.2	32.0
客户或消费者	**44.4**	**40.6**	37.7	44.8	39.7
竞争对手或同行业企业	**15.1**	**12.7**	12.9	11.3	13.3
咨询顾问、市场分析及中介机构	**12.6**	**10.0**	9.4	9.8	10.3
其他合作对象	**11.7**	**11.0**	7.5	9.4	12.9

表 7-40　规模（限额）以上企业产学研合作形式情况（2021 年）

项目	全国	京津冀合计	北京	天津	河北
开展产学研合作的企业数 / 个	**83 289**	**5558**	2458	1100	2000
在创新合作企业中产学研合作企业占比 / %	**30.5**	**32.6**	35.8	28.7	31.4
在产学研合作企业中，以下列为主要合作形式的企业占比 / %					
建立或参与创新联合体	**22.7**	**20.9**	21.2	21.8	20.1
合作共同完成科研项目	**63.1**	**69.2**	75.7	71.1	60.3
合作建立研发机构	**19.7**	**18.6**	17.2	19.7	19.7
开展联合人才培养	**32.2**	**27.8**	24.5	27.7	31.8
聘用高等学校或研究机构人员到企业兼职	**21.4**	**16.2**	15.3	18.7	15.8
转化或实施知识产权产品或其他科研成果	**14.8**	**14.5**	16.1	17.3	11.1
使用科研场所或设备	**9.8**	**11.3**	12.1	11.7	10.0
使用检验检测等科研辅助服务	**14.2**	**15.4**	15.8	16.5	14.2
其他形式	**16.2**	**13.6**	11.4	12.7	16.7

表 7-41　规模以上工业企业产学研合作形式情况（2021 年）

项目	全国	京津冀合计	北京	天津	河北
开展产学研合作的企业数 / 个	**61 958**	**3038**	694	686	1658
在创新合作企业中产学研合作企业占比 / %	**34.6**	**37.2**	46.8	33.8	35.6
在产学研合作企业中，以下列为主要合作形式的企业占比 / %					
建立或参与创新联合体	**21.0**	**18.0**	15.6	17.5	19.2
合作共同完成科研项目	**64.1**	**67.2**	77.2	72.9	60.7
合作建立研发机构	**20.0**	**18.7**	15.7	17.9	20.3
开展联合人才培养	**29.9**	**26.3**	20.3	23.5	29.9
聘用高等学校或研究机构人员到企业兼职	**21.4**	**16.2**	15.0	19.5	15.3
转化或实施知识产权产品或其他科研成果	**14.8**	**13.0**	14.3	16.3	11.1
使用科研场所或设备	**10.1**	**12.1**	16.0	12.2	10.5
使用检验检测等科研辅助服务	**15.1**	**17.5**	20.9	19.2	15.4
其他形式	**15.2**	**14.1**	11.8	13.0	15.5

表 7-42　规模（限额）以上企业创新活动阻碍因素情况（2021 年）

项目	全国	京津冀合计	北京	天津	河北
在全部企业中，下列各项是创新主要阻碍因素的企业占比 / %					
缺乏内部资金	**10.9**	**9.1**	8.7	8.5	9.9
缺乏风险投资	**7.2**	**5.9**	5.8	5.5	6.3
缺乏银行贷款	**10.3**	**9.1**	7.3	8.9	11.0
创新成本过高	**21.1**	**18.4**	21.2	15.8	17.3
缺乏人才或人才流失	**29.5**	**26.2**	27.9	20.0	28.7
缺乏技术信息	**16.6**	**14.2**	13.4	11.5	16.9
缺乏市场信息	**10.3**	**10.1**	9.9	9.4	10.8
难以找到创新合作伙伴	**6.8**	**6.0**	6.5	5.4	6.0
市场已被占领	**3.4**	**2.9**	3.4	2.6	2.7
不能确定市场需求	**11.9**	**10.7**	11.4	8.7	11.4
创新成果易被低成本模仿	**5.4**	**4.5**	5.0	3.7	4.5
没有创新的必要	**15.0**	**16.4**	16.2	15.6	17.2

表 7-43　规模以上工业企业创新活动阻碍因素情况（2021 年）

项目	全国	京津冀合计	北京	天津	河北
在全部企业中，下列各项是创新主要阻碍因素的企业占比 / %					
缺乏内部资金	**12.3**	**10.8**	10.6	10.4	11.0
缺乏风险投资	**8.2**	**7.1**	6.7	6.8	7.3
缺乏银行贷款	**12.1**	**12.2**	9.9	10.7	13.2
创新成本过高	**28.8**	**25.2**	37.6	27.2	22.2
缺乏人才或人才流失	**38.8**	**35.2**	45.6	32.3	34.3
缺乏技术信息	**23.0**	**21.2**	21.9	19.3	21.8
缺乏市场信息	**11.1**	**11.4**	12.0	11.2	11.4
难以找到创新合作伙伴	**7.1**	**6.3**	6.4	5.5	6.5
市场已被占领	**2.9**	**2.6**	3.9	2.8	2.3
不能确定市场需求	**14.7**	**13.8**	16.2	12.6	13.7
创新成果易被低成本模仿	**8.1**	**7.1**	11.1	7.7	6.2
没有创新的必要	**11.4**	**14.0**	9.0	11.5	15.8

表 7-44　规模（限额）以上企业知识产权及相关情况（2021 年）

项目	全国	京津冀合计	北京	天津	河北
采取了知识产权保护或相关措施的企业数 / 个	**488 913**	**34 390**	13 443	7905	13 042
采取了知识产权保护或相关措施的企业占全部企业的比重 / %	**49.9**	**44.5**	46.2	39.7	46.3
在全部企业中，采取下列知识产权保护或相关措施的企业占比 / %					
申请了发明专利	**8.0**	**7.4**	10.1	5.0	6.2
申请了实用新型或外观设计专利	**11.5**	**9.7**	10.1	8.7	10.0
申请了注册商标	**10.5**	**8.6**	10.2	6.2	8.6
进行了版权登记	**3.2**	**4.4**	8.4	2.5	1.5
形成了国家或行业技术标准	**5.5**	**4.3**	4.9	4.6	3.6
对技术秘密进行内部保护	**11.6**	**10.6**	11.9	9.0	10.3
应用了难以复制的复杂技术	**2.5**	**1.8**	2.0	1.7	1.7
发挥了时间上的先发优势	**18.6**	**16.2**	13.0	15.5	20.1
年末拥有有效发明专利数 / 件	**2 171 394**	**326 620**	252 178	34 284	40 158

表 7-45　规模以上工业企业知识产权及相关情况（2021 年）

项目	全国	京津冀合计			
			北京	天津	河北
采取了知识产权保护或相关措施的企业数 / 个	**287 370**	**14 806**	2194	3524	9088
采取了知识产权保护或相关措施的企业占全部企业的比重 / %	**65.1**	**59.6**	71.3	62.3	56.4
在全部企业中，采取下列知识产权保护或相关措施的企业占比 / %					
申请了发明专利	**14.7**	**13.1**	32.8	12.8	9.5
申请了实用新型或外观设计专利	**22.3**	**20.5**	37.4	24.3	15.9
申请了注册商标	**15.0**	**12.8**	15.5	12.3	12.5
进行了版权登记	**3.3**	**2.9**	8.2	3.3	1.7
形成了国家或行业技术标准	**7.8**	**5.7**	9.6	8.6	4.0
对技术秘密进行内部保护	**18.0**	**17.1**	25.7	19.1	14.7
应用了难以复制的复杂技术	**3.5**	**2.8**	4.4	3.2	2.3
发挥了时间上的先发优势	**17.2**	**17.2**	11.5	13.2	19.7
年末拥有有效发明专利数 / 件	**1 691 909**	**131 104**	70 538	26 326	34 240
对主要的主营产品拥有品牌所有权的企业占全部企业的比重 / %	**33.3**	**35.0**	51.2	33.8	32.4
# 该品牌由本企业独立开发的企业占全部企业的比重	**30.5**	**31.9**	47.3	30.1	29.6

表 7-46　规模（限额）以上企业组织和营销创新情况（2021 年）

项目	全国	京津冀合计				京津冀占比 / %
			北京	天津	河北	
实现组织或营销创新企业数 / 个	**313 507**	**21 141**	8048	4878	8215	**6.7**
# 实现组织创新企业	**248 919**	**16 708**	6278	3949	6481	**6.7**
# 实现营销创新企业	**219 400**	**13 538**	4941	2984	5613	**6.2**
在全部企业中占比 / %						
实现组织或营销创新企业	**32.0**	**27.4**	27.6	24.5	29.2	
# 实现组织创新企业	**25.4**	**21.6**	21.6	19.8	23.0	
# 实现营销创新企业	**22.4**	**17.5**	17.0	15.0	19.9	
# 同时实现组织和营销创新企业	**15.8**	**11.8**	10.9	10.3	13.8	
# 仅实现组织创新企业	**9.6**	**9.8**	10.7	9.5	9.2	
# 仅实现营销创新企业	**6.6**	**5.7**	6.1	4.7	6.2	

表 7-47　规模以上工业企业组织和营销创新情况（2021 年）

项目	全国	京津冀合计	北京	天津	河北	京津冀占比 / %
实现组织或营销创新企业数 / 个	**178 553**	**8882**	1305	2136	5441	**5.0**
# 实现组织创新企业	**140 014**	**6930**	999	1711	4220	**4.9**
# 实现营销创新企业	**133 516**	**6258**	855	1442	3961	**4.7**
在全部企业中占比 / %						
实现组织或营销创新企业	**40.4**	**35.8**	42.4	37.7	33.8	
# 实现组织创新企业	**31.7**	**27.9**	32.5	30.2	26.2	
# 实现营销创新企业	**30.2**	**25.2**	27.8	25.5	24.6	
# 同时实现组织和营销创新企业	**21.5**	**17.3**	17.8	18.0	17.0	
# 仅实现组织创新企业	**10.2**	**10.6**	14.6	12.3	9.2	
# 仅实现营销创新企业	**8.7**	**7.9**	9.9	7.5	7.6	

表 7-48　资质等级以上建筑业企业组织和营销创新情况（2021 年）

项目	全国	京津冀合计	北京	天津	河北	京津冀占比 / %
实现组织或营销创新企业数 / 个	**16 573**	**1111**	388	316	407	**6.7**
# 实现组织创新企业	**15 557**	**1037**	352	300	385	**6.7**
# 实现营销创新企业	**6128**	**382**	145	112	125	**6.2**
在全部企业中占比 / %						
实现组织或营销创新企业	**26.2**	**22.5**	20.1	23.0	25.0	
# 实现组织创新企业	**24.6**	**21.1**	18.3	21.9	23.7	
# 实现营销创新企业	**9.7**	**7.8**	7.5	8.2	7.7	
# 同时实现组织和营销创新企业	**8.1**	**6.3**	5.7	7.0	6.3	
# 仅实现组织创新企业	**16.5**	**14.8**	12.6	14.9	17.3	
# 仅实现营销创新企业	**1.6**	**1.5**	1.9	1.2	1.4	

表 7-49　规模（限额）以上服务业企业组织和营销创新情况（2021 年）

项目	全国	京津冀合计	北京	天津	河北	京津冀占比 / %
实现组织或营销创新企业数 / 个	**118 381**	**11 148**	6355	2426	2367	**9.4**
# 实现组织创新企业	**93 348**	**8741**	4927	1938	1876	**9.4**
# 实现营销创新企业	**79 756**	**6898**	3941	1430	1527	**8.6**
在全部企业中占比 / %						
实现组织或营销创新企业	**25.0**	**23.5**	26.3	18.8	22.7	
# 实现组织创新企业	**19.7**	**18.4**	20.4	15.0	18.0	
# 实现营销创新企业	**16.8**	**14.5**	16.3	11.1	14.6	
# 同时实现组织和营销创新企业	**11.5**	**9.4**	10.4	7.3	9.9	
# 仅实现组织创新企业	**8.1**	**8.9**	10.0	7.7	8.0	
# 仅实现营销创新企业	**5.3**	**5.1**	5.9	3.8	4.7	

表 7-50　规模以上高技术产业（制造业）组织和营销创新情况（2021 年）

项目	全国	京津冀合计	北京	天津	河北	京津冀占比 / %
实现组织或营销创新企业数 / 个	**26 289**	**1227**	489	319	419	**4.7**
# 实现组织创新企业	**21 219**	**961**	367	265	329	**4.5**
# 实现营销创新企业	**20 050**	**878**	332	217	329	**4.4**
在全部企业中占比 / %						
实现组织或营销创新企业	**57.7**	**52.1**	52.2	54.7	50.1	
# 实现组织创新企业	**46.5**	**40.8**	39.2	45.5	39.3	
# 实现营销创新企业	**44.0**	**37.2**	35.4	37.2	39.3	
# 同时实现组织和营销创新企业	**32.9**	**26.0**	22.4	28.0	28.6	
# 仅实现组织创新企业	**13.7**	**14.8**	16.8	17.5	10.8	
# 仅实现营销创新企业	**11.1**	**11.3**	13.0	9.3	10.8	

第八部分

创新产出

表 8-1　京津冀国内发明专利申请受理数按地区分布情况（2016—2021 年）

单位：件

项目	2016 年	2017 年	2018 年	2019 年	2020 年	2021 年
全国	**1 204 981**	**1 245 709**	**1 393 815**	**1 243 568**	**1 344 817**	**1 427 845**
京津冀合计	**156 937**	**138 801**	**163 279**	**175 040**	**189 223**	**212 901**
北京	104 643	99 167	117 664	129 930	145 035	167 608
天津	38 153	25 652	26 661	24 574	22 057	21 370
河北	14 141	13 982	18 954	20 536	22 131	23 923
京津冀占比 / %	**13.0**	**11.1**	**11.7**	**14.1**	**14.1**	**14.9**

表 8-2　京津冀国内实用新型专利申请受理数按地区分布情况（2016—2021 年）

单位：件

项目	2016 年	2017 年	2018 年	2019 年	2020 年	2021 年
全国	**1 468 295**	**1 679 807**	**2 063 860**	**2 259 765**	**2 918 874**	**2 845 318**
京津冀合计	**158 338**	**161 209**	**188 213**	**201 690**	**253 567**	**239 795**
北京	64 496	68 400	70 507	73 021	84 579	89 406
天津	63 589	56 675	66 535	64 871	83 825	63 512
河北	30 253	36 134	51 171	63 798	85 163	86 877
京津冀占比 / %	**10.8**	**9.6**	**9.1**	**8.9**	**8.7**	**8.4**

表 8-3　京津冀国内外观设计专利申请受理数按地区分布情况（2016—2021 年）

单位：件

项目	2016 年	2017 年	2018 年	2019 年	2020 年	2021 年
全国	**631 949**	**610 817**	**689 097**	**691 771**	**752 339**	**787 149**
京津冀合计	**35 206**	**34 202**	**42 543**	**46 702**	**48 497**	**51 614**
北京	19 990	18 361	23 041	23 162	24 551	26 120
天津	4772	4669	5842	6600	5632	5589
河北	10 444	11 172	13 660	16 940	18 314	19 905
京津冀占比 / %	**5.6**	**5.6**	**6.2**	**6.8**	**6.4**	**6.6**

表 8-4 京津冀国内发明专利申请授权数按地区分布情况（2016—2021 年）

单位：件

项目	2016 年	2017 年	2018 年	2019 年	2020 年	2021 年
全国	**302 136**	**326 970**	**345 959**	**360 919**	**440 691**	**585 910**
京津冀合计	**50 034**	**56 862**	**57 730**	**63 282**	**74 893**	**95 207**
北京	40 602	46 091	46 978	53 127	63 266	79 210
天津	5185	5844	5626	5025	5262	7376
河北	4247	4927	5126	5130	6365	8621
京津冀占比 / %	**16.6**	**17.4**	**16.7**	**17.5**	**17.0**	**16.2**

表 8-5 京津冀国内实用新型专利申请授权数按地区分布情况（2016—2021 年）

单位：件

项目	2016 年	2017 年	2018 年	2019 年	2020 年	2021 年
全国	**897 035**	**967 416**	**1 471 759**	**1 574 205**	**2 368 651**	**3 112 795**
京津冀合计	**95 518**	**100 205**	**140 112**	**147 207**	**208 023**	**273 757**
北京	44 710	46 011	59 219	58 393	75 336	96 078
天津	31 046	32 353	44 683	48 252	64 221	85 076
河北	19 762	21 841	36 210	40 562	68 466	92 603
京津冀占比 / %	**10.6**	**10.4**	**9.5**	**9.4**	**8.8**	**8.8**

表 8-6 京津冀国内外观设计专利申请授权数按地区分布情况（2016—2021 年）

单位：件

项目	2016 年	2017 年	2018 年	2019 年	2020 年	2021 年
全国	**429 710**	**426 442**	**517 693**	**539 282**	**711 559**	**768 460**
京津冀合计	**26 586**	**26 904**	**32 228**	**36 835**	**47 538**	**47 758**
北京	15 266	14 846	17 299	20 196	24 222	23 490
天津	3503	3478	4371	4522	5951	5458
河北	7817	8580	10 558	12 117	17 365	18 810
京津冀占比 / %	**6.2**	**6.3**	**6.2**	**6.8**	**6.7**	**6.2**

表 8-7　京津冀国内有效发明专利数按地区分布情况（2016—2021 年）

单位：件

项目	2016 年	2017 年	2018 年	2019 年	2020 年	2021 年
全国	**1 158 203**	**1 413 911**	**1 662 269**	**1 926 122**	**2 279 123**	**2 773 287**
京津冀合计	**205 140**	**255 420**	**298 287**	**347 882**	**407 874**	**490 103**
北京	166 722	205 320	241 282	284 288	335 575	405 037
天津	22 663	28 601	32 066	34 726	38 152	43 409
河北	15 755	21 499	24 939	28 868	34 147	41 657
京津冀占比 / %	**17.7**	**18.1**	**17.9**	**18.1**	**17.9**	**17.7**

表 8-8　京津冀国内有效实用新型专利数按地区分布情况（2016—2021 年）

单位：件

项目	2016 年	2017 年	2018 年	2019 年	2020 年	2021 年
全国	**3 118 410**	**3 563 389**	**4 359 926**	**5 214 362**	**6 895 886**	**9 190 633**
京津冀合计	**362 009**	**415 950**	**491 548**	**570 847**	**713 289**	**903 796**
北京	203 533	231 317	263 909	291 646	340 086	403 429
天津	89 667	103 917	123 971	149 930	189 936	244 766
河北	68 809	80 716	103 668	129 271	183 267	255 601
京津冀占比 / %	**11.6**	**11.7**	**11.3**	**10.9**	**10.3**	**9.8**

表 8-9　京津冀国内有效外观设计专利数按地区分布情况（2016—2021 年）

单位：件

项目	2016 年	2017 年	2018 年	2019 年	2020 年	2021 年
全国	**1 250 570**	**1 346 915**	**1 495 596**	**1 671 586**	**2 061 859**	**2 453 506**
京津冀合计	**80 450**	**96 768**	**108 937**	**128 647**	**158 492**	**183 889**
北京	47 411	58 304	64 738	77 119	92 429	105 150
天津	12 113	12 388	12 842	14 290	17 452	20 088
河北	20 926	26 076	31 357	37 238	48 611	58 651
京津冀占比 / %	**6.4**	**7.2**	**7.3**	**7.7**	**7.7**	**7.5**

表 8-10　京津冀国防专利情况（2016—2021 年）

单位：件

项目	2016 年	2017 年	2018 年	2019 年	2020 年	2021 年
国防专利申请数						
全国	**13 028**	**12 283**	**14 045**	**15 521**	**20 102**	**19 302**
京津冀合计	**4661**	**4465**	**5059**	**5413**	**7472**	**6979**
北京	4167	3968	4502	4880	6678	6524
天津	281	290	254	316	519	269
河北	213	207	303	217	275	186
京津冀占比 / %	**35.8**	**36.4**	**36.0**	**34.9**	**37.2**	**36.2**
国防专利授权数						
全国	**6830**	**7243**	**5748**	**6188**	**6627**	**6446**
京津冀合计	**2720**	**2769**	**2236**	**2303**	**2279**	**2364**
北京	2526	2495	1915	2144	1990	2164
天津	75	133	191	86	173	93
河北	119	141	130	73	116	107
京津冀占比 / %	**39.8**	**38.2**	**38.9**	**37.2**	**34.4**	**36.7**
国防有效专利数						
全国	**40 812**	**40 964**	**43 634**	**48 264**	**52 675**	**56 682**
京津冀合计	**16 526**	**16 926**	**18 152**	**20 013**	**21 799**	**23 352**
北京	15 164	15 443	16 450	18 247	19 776	21 298
天津	631	735	886	989	1082	1073
河北	731	748	816	777	941	981
京津冀占比 / %	**40.5**	**41.3**	**41.6**	**41.5**	**41.4**	**41.2**

表 8-11　京津冀商标注册申请与核准注册情况（2016—2021 年）

单位：件

地区	2016 年	2017 年	2018 年	2019 年	2020 年	2021 年
商标申请数						
全国	**3 526 827**	**5 538 980**	**7 127 032**	**7 582 356**	**9 116 454**	**9 192 675**
京津冀合计	**503 795**	**704 209**	**863 949**	**854 288**	**933 465**	**1 018 578**
北京	372 387	490 086	580 855	546 590	564 510	641 220
天津	34 933	49 849	64 234	73 310	85 096	95 011
河北	96 475	164 274	218 860	234 388	283 859	282 347
京津冀占比 / %	**14.3**	**12.7**	**12.1**	**11.3**	**10.2**	**11.1**
核准注册数						
全国	**2 119 032**	**2 656 039**	**4 796 851**	**6 177 791**	**5 576 545**	**7 545 358**
京津冀合计	**291 230**	**365 340**	**580 799**	**728 237**	**589 462**	**735 674**
北京	213 587	264 231	389 175	474 645	362 738	427 911
天津	22 504	26 938	41 496	56 538	51 092	67 921
河北	55 139	74 171	150 128	197 054	175 632	239 842
京津冀占比 / %	**13.7**	**13.8**	**12.1**	**11.8**	**10.6**	**9.8**

表 8-12　京津冀技术市场技术开发合同按地域分布情况（合同数）（2016—2021 年）

单位：项

项目	2016 年	2017 年	2018 年	2019 年	2020 年	2021 年
全国	**148 582**	**169 466**	**180 431**	**198 105**	**217 580**	**256 356**
京津冀合计	**33 089**	**33 860**	**37 980**	**36 758**	**38 373**	**41 503**
北京	26 465	25 936	29 496	28 888	30 905	32 406
天津	3969	4685	4329	3787	3166	3491
河北	2655	3239	4155	4083	4302	5606
京津冀占比 / %	**22.3**	**20.0**	**21.0**	**18.6**	**17.6**	**16.2**

表 8-13　京津冀技术市场技术转让合同按地域分布情况（合同数）（2016—2021 年）

单位：项

项目	2016 年	2017 年	2018 年	2019 年	2020 年	2021 年
全国	**12 556**	**16 698**	**15 381**	**16 953**	**23 243**	**34 317**
京津冀合计	**1576**	**2101**	**1723**	**1803**	**2336**	**3239**
北京	858	1121	907	971	1271	1469
天津	360	574	328	315	403	889
河北	358	406	488	517	662	881
京津冀占比 / %	**12.6**	**12.6**	**11.2**	**10.6**	**10.1**	**9.4**

表 8-14　京津冀技术市场技术咨询合同按地域分布情况（合同数）（2016—2021 年）

单位：项

项目	2016 年	2017 年	2018 年	2019 年	2020 年	2021 年
全国	**24 447**	**26 735**	**29 828**	**31 215**	**36 151**	**44 650**
京津冀合计	**4629**	**4604**	**4594**	**4489**	**4000**	**4091**
北京	3404	3051	3391	3380	2906	3018
天津	847	1023	624	488	392	407
河北	378	530	579	621	702	666
京津冀占比 / %	**18.9**	**17.2**	**15.4**	**14.4**	**11.1**	**9.2**

表 8-15　京津冀技术市场技术服务合同按地域分布情况（合同数）（2016—2021 年）

单位：项

项目	2016 年	2017 年	2018 年	2019 年	2020 年	2021 年
全国	**134 852**	**154 687**	**186 345**	**237 804**	**272 379**	**335 183**
京津冀合计	**32 754**	**33 696**	**36 797**	**44 688**	**41 375**	**48 227**
北京	24 753	25 836	27 419	31 898	30 466	34 512
天津	4436	3926	4028	6687	4505	5099
河北	3565	3934	5350	6103	6404	8616
京津冀占比 / %	24.3	21.8	19.7	18.8	15.2	14.4

表 8-16 京津冀技术市场技术开发合同按地域分布情况（合同金额）（2016—2021 年）

单位：亿元

项目	2016 年	2017 年	2018 年	2019 年	2020 年	2021 年
全国	**3480**	**4749**	**5889**	**7177**	**8874**	**11 674**
京津冀合计	**679**	**765**	**1014**	**1103**	**1532**	**1778**
北京	582	641	832	931	1281	1422
天津	59	47	66	53	74	76
河北	38	77	116	119	177	280
京津冀占比 / %	**19.5**	**16.1**	**17.2**	**15.4**	**17.3**	**15.2**

表 8-17 京津冀技术市场技术转让合同按地域分布情况（合同金额）（2016—2021 年）

单位：亿元

项目	2016 年	2017 年	2018 年	2019 年	2020 年	2021 年
全国	**1608**	**1400**	**1610**	**2189**	**2398**	**3247**
京津冀合计	**123**	**247**	**239**	**665**	**97**	**181**
北京	38	127	146	615	49	66
天津	64	95	63	24	30	74
河北	21	25	30	26	18	41
京津冀占比 / %	**7.6**	**17.6**	**14.8**	**30.4**	**4.0**	**5.6**

表 8-18 京津冀技术市场技术咨询合同按地域分布情况（合同金额）（2016—2021 年）

单位：亿元

项目	2016 年	2017 年	2018 年	2019 年	2020 年	2021 年
全国	**468**	**449**	**565**	**614**	**1105**	**951**
京津冀合计	**122**	**192**	**68**	**77**	**101**	**74**
北京	81	138	42	38	41	32
天津	30	45	11	18	9	10
河北	11	9	15	21	51	32
京津冀占比 / %	**26.1**	**42.8**	**12.0**	**12.5**	**9.1**	**7.8**

表 8-19　京津冀技术市场技术服务合同按地域分布情况（合同金额）（2016—2021 年）

单位：亿元

项目	2016 年	2017 年	2018 年	2019 年	2020 年	2021 年
全国	**5851**	**6826**	**9635**	**12 418**	**15 875**	**21 423**
京津冀合计	**1403**	**1410**	**1770**	**2423**	**2722**	**3159**
北京	1052	982	1228	1639	1757	1919
天津	236	235	208	366	504	440
河北	115	193	334	418	461	800
京津冀占比 / %	**24.0**	**20.7**	**18.4**	**19.5**	**17.1**	**14.7**

表 8-20　京津冀国外技术引进合同情况（2021 年）

地区	合同数 / 项	合同金额 / 亿美元	
			# 技术费
全国	**6023**	**367**	**364**
京津冀合计	**699**	**51**	**50**
北京	483	36	35
天津	136	11	11
河北	80	4	4
京津冀占比 / %	**11.6**	**13.9**	**13.7**

第九部分

国家高新技术产业开发区

表 9-1　京津冀国家高新技术产业开发区基本情况（2016—2021 年）

项目	2016 年	2017 年	2018 年	2019 年	2020 年	2021 年
国家高新技术产业开发区数 / 个						
全国	**146**	**156**	**169**	**169**	**169**	**169**
京津冀合计	**7**	**7**	**7**	**7**	**7**	**7**
北京	1	1	1	1	1	1
天津	1	1	1	1	1	1
河北	5	5	5	5	5	5
京津冀占比 / %	**4.8**	**4.5**	**4.1**	**4.1**	**4.1**	**4.1**
工商注册企业数 / 个						
全国	**1 405 173**	**1 852 665**	**2 317 764**	**2 866 714**	**2 866 714**	**4 279 940**
京津冀合计	**436 323**	**509 587**	**551 899**	**565 607**	**565 607**	**622 804**
北京	398 845	459 311	482 799	480 135	480 135	509 953
天津	10 790	15 211	25 791	36 016	36 016	49 800
河北	26 688	35 065	43 309	49 456	49 456	63 051
京津冀占比 / %	**31.1**	**27.5**	**23.8**	**19.7**	**19.7**	**14.6**
入统企业数 / 个						
全国	**91 093**	**103 631**	**120 057**	**141 147**	**165 357**	**181 541**
京津冀合计	**25 373**	**27 801**	**28 675**	**32 196**	**35 042**	**32 137**
北京	19 869	22 013	22 110	24 892	27 487	24 055
天津	4005	4073	4251	4357	4240	4234
河北	1499	1715	2314	2947	3315	3848
京津冀占比 / %	**27.9**	**26.8**	**23.9**	**22.8**	**21.2**	**17.7**
研究开发人员 / 人						
全国	**3 385 933**	**3 783 964**	**4 280 661**	**4 659 444**	**5 144 238**	**5 634 021**
京津冀合计	**788 586**	**860 744**	**905 601**	**983 611**	**1 026 015**	**1 110 365**
北京	660 727	735 847	784 720	863 167	901 109	978 381
天津	66 787	63 185	55 768	54 244	55 905	56 404
河北	61 072	61 712	65 113	66 200	69 001	75 580
京津冀占比 / %	**23.3**	**22.7**	**21.2**	**21.1**	**19.9**	**19.7**

续表

项目	2016 年	2017 年	2018 年	2019 年	2020 年	2021 年
R&D 人员全时当量 / 人年						
全国	**1 283 327**	**1 590 137**	**1 772 053**	**1 819 811**	**2 023 547**	**1 863 768**
京津冀合计	**213 751**	**226 927**	**218 039**	**230 786**	**242 094**	**246 580**
北京	148 982	182 450	166 350	188 989	197 307	203 654
天津	29 083	24 309	25 158	21 235	19 663	17 878
河北	35 686	20 168	26 531	20 562	25 124	25 048
京津冀占比 / %	**16.7**	**14.3**	**12.3**	**12.7**	**12**	**13.2**
研究开发经费内部支出 / 亿元						
全国	**8525**	**10 162**	**12 675**	**16 116**	**17 314**	**20 571**
京津冀合计	**1991**	**2364**	**2855**	**4442**	**3599**	**4370**
北京	1698	2101	2581	4150	3285	3975
天津	171	131	124	131	130	144
河北	122	132	150	161	184	251
京津冀占比 / %	**23.4**	**23.3**	**22.5**	**27.6**	**20.8**	**21.2**

表 9-2 京津冀国家高新技术产业开发区企业数量及主要经济指标情况（2021 年）

地区	高新技术企业数 / 个	工业总产值 / 亿元	净利润 / 亿元	上缴税费 / 亿元	出口总额 / 亿元	年末资产 / 亿元	年末负债 / 亿元
全国	**114 921**	**293 433**	**35 862**	**21 268**	**52 120**	**821 705**	**477 709**
京津冀合计	**20 385**	**20 508**	**7336**	**3614**	**4488**	**192 640**	**107 007**
北京	15 813	15 369	6681	3170	3894	170 177	93 256
天津	2458	1569	296	177	314	9066	5101
河北	2114	3570	359	267	280	13 397	8650
京津冀占比 / %	**17.7**	**7.0**	**20.5**	**17.0**	**8.6**	**23.4**	**22.4**

表 9-3　京津冀国家高新技术产业开发区企业收入情况（2021 年）

单位：亿元

地区	营业收入			
		# 技术收入	# 产品销售收入	# 商品销售收入
全国	**495 096**	**69 200**	**341 422**	**46 849**
京津冀合计	**96 071**	**21 962**	**30 970**	**24 751**
北京	84 402	20 419	23 524	23 682
天津	5217	715	2550	723
河北	6452	828	4896	346
京津冀占比 / %	**19.4**	**31.7**	**9.1**	**52.8**

表 9-4　京津冀国家高新技术产业开发区企业人员情况（2021 年）

单位：人

地区	年末从业人员			
		# 留学归国人员	# 外籍常驻人员	# 大专以上
全国	**25 067 653**	**245 342**	**70 373**	**15 608 369**
京津冀合计	**3 479 468**	**61 924**	**5002**	**2 829 610**
北京	2 849 075	59 827	4154	2 383 155
天津	232 647	995	394	168 970
河北	397 746	1102	454	277 485
京津冀占比 / %	**13.9**	**25.2**	**7.1**	**18.1**

表 9-5　京津冀国家高新技术产业开发区企业 R&D 活动与科技活动情况（2021 年）

地区	研究开发人员 / 人		R&D 人员全时当量 / 人年	研究开发经费内部支出 / 亿元	
		# R&D 人员			# R&D 经费内部支出
全国	**5 634 021**	**2 766 138**	**1 863 768**	**20 571**	**10 359**
京津冀合计	**1 110 365**	**385 154**	**246 580**	**4370**	**1699**
北京	978 381	316 360	203 654	3975	1457
天津	56 404	30 087	17 878	144	84
河北	75 580	38 707	25 048	251	158
京津冀占比 / %	**19.7**	**13.9**	**13.2**	**21.2**	**16.4**

第十部分

科技企业孵化器

表 10-1　京津冀科技企业孵化器基本情况（2017—2021 年）

项目	2017 年	2018 年	2019 年	2020 年	2021 年
入统孵化器数量 / 个					
全国	**4063**	**4849**	**5206**	**5843**	**6227**
京津冀合计	**315**	**452**	**462**	**624**	**668**
北京	105	152	130	246	270
天津	71	72	81	104	109
河北	139	228	251	274	289
京津冀占比 / %	**7.8**	**9.3**	**8.9**	**10.7**	**10.7**
孵化器场地总面积 / 万平方米					
全国	**11 967.4**	**13 192.9**	**12 927.9**	**13 088.5**	**13 388.3**
京津冀合计	**757.4**	**979.4**	**961.3**	**1086.4**	**1139.8**
北京	249.8	312.9	329.2	399.6	474.3
天津	137.4	136.5	132.2	152.9	155.2
河北	370.2	530	499.9	533.9	510.3
京津冀占比 / %	**6.3**	**7.4**	**7.4**	**8.3**	**8.5**
在孵企业数 / 个					
全国	**177 542**	**206 024**	**216 828**	**233 351**	**243 635**
京津冀合计	**15 888**	**20 680**	**21 478**	**26 685**	**26 879**
北京	6717	9629	9444	13 008	12 388
天津	4264	4263	4309	5037	5120
河北	4907	6788	7725	8640	9371
京津冀占比 / %	**8.9**	**10**	**9.9**	**11.4**	**11.0**
在孵企业从业人员 / 万人					
全国	**259.6**	**290.2**	**294.9**	**296.9**	**309.6**
京津冀合计	**25.7**	**30.3**	**32.1**	**33.7**	**36.0**
北京	11.7	14.8	16	18	19.6
天津	6.2	5.9	5.8	6.1	6.0
河北	7.8	9.6	10.3	9.5	10.4
京津冀占比 / %	**9.9**	**10.5**	**10.9**	**11.3**	**11.6**

续表

项目	2017 年	2018 年	2019 年	2020 年	2021 年
当年获得风险投资额 / 亿元					
全国	**473**	**630**	**546**	**786**	**1227**
京津冀合计	**97**	**136**	**93**	**159**	**306**
北京	89	129	89	150	286
天津	5	3	2	4	13
河北	3	4	3	5	7
京津冀占比 / %	**20.6**	**21.6**	**17.1**	**20.2**	**24.9**
累计毕业企业 / 个					
全国	110 701	139 396	160 850	188 707	215 969
京津冀合计	14 237	20 741	21 971	29 682	37 730
北京	9817	14 986	15 091	21 414	28 564
天津	1868	2220	2479	2626	3214
河北	2552	3535	4401	5642	5952
京津冀占比 / %	**12.9**	**14.9**	**13.7**	**15.7**	**17.5**

表 10-2 京津冀科技企业孵化器孵化企业情况（2021 年）

单位：个

地区	在孵企业数	# 高新技术企业	# 当年新增在孵企业	累计毕业企业	# 当年毕业企业	# 收入达 5000 万企业
全国	**243 635**	**13 377**	**66 578**	**215 969**	**29 481**	**5158**
京津冀合计	**26 879**	**1960**	**6704**	**37 730**	**3603**	**379**
北京	12 388	1186	2803	28 564	2286	176
天津	5120	302	1310	3214	492	112
河北	9371	472	2591	5952	825	91
京津冀占比 / %	**11.0**	**14.7**	**10.1**	**17.5**	**12.2**	**7.3**

表 10-3　京津冀科技企业孵化器孵化场地情况（2021 年）

单位：平方米

地区	总面积				
		办公用房	企业用房	服务用房	其他
全国	**133 882 998**	**7 988 423**	**94 547 288**	**16 751 394**	**14 595 892**
京津冀合计	**11 397 568**	**795 692**	**8 234 276**	**1 553 767**	**813 834**
北京	4 742 507	271 787	3 394 037	789 582	287 101
天津	1 551 932	102 990	1 163 444	174 591	110 907
河北	5 103 129	420 915	3 676 795	589 594	415 826
京津冀占比 / %	**8.5**	**10.0**	**8.7**	**9.3**	**5.6**

表 10-4　京津冀科技企业孵化器当年在孵企业情况（2021 年）

地区	在孵企业从业人员数 / 人	在孵企业总收入 / 亿元	当年获得投融资企业数 / 个	当年获风险投资额 / 亿元	当年获得孵化基金在孵企业数 / 个
全国	**3 096 270**	**12 443**	**16 153**	**1227**	**10 083**
京津冀合计	**359 406**	**1768**	**1779**	**306**	**895**
北京	195 870	1407	906	286	361
天津	59 727	117	488	13	258
河北	103 809	244	385	7	276
京津冀占比 / %	**11.6**	**14.2**	**11.0**	**24.9**	**8.9**

表 10-5　京津冀国家级科技企业孵化器基本情况（2021 年）

地区	在统孵化器数量 / 个	孵化器总收入 / 亿元	管理机构从业人员数 / 人	孵化基金总额 / 亿元	创业导师人数 / 人	对公共技术服务平台投资额 / 亿元
全国	**1412**	**233**	**24 937**	**1056**	**31 527**	**40**
京津冀合计	**142**	**31**	**2737**	**273**	**3898**	**3**
北京	65	25	1494	261	2376	2
天津	36	3	526	3	791	1
河北	41	3	717	9	731	0
京津冀占比 / %	**10.1**	**13.3**	**11.0**	**25.9**	**12.4**	**7.5**

表 10-6　京津冀国家级科技企业孵化器孵化企业情况（2021 年）

单位：个

地区	在孵企业数	# 高新技术企业	# 当年新增在孵企业	累计毕业企业	# 当年毕业企业	# 收入达五千万企业
全国	**107 979**	**9081**	**27 396**	**127 569**	**13 658**	**3600**
京津冀合计	**11 484**	**1283**	**2570**	**16 004**	**1433**	**288**
北京	5634	710	1302	10 238	812	121
天津	2709	236	645	2643	329	95
河北	3141	337	623	3123	292	72
京津冀占比 / %	**10.6**	**14.1**	**9.4**	**12.5**	**10.5**	**8.0**

表 10-7　京津冀国家级科技企业孵化器孵化场地情况（2021 年）

单位：平方米

地区	总面积	办公用房	企业用房	服务用房	其他
全国	**45 202 964**	**1 507 939**	**34 007 352**	**5 993 814**	**3 693 858**
京津冀合计	**3 681 618**	**131 546**	**2 945 222**	**404 596**	**200 255**
北京	1 766 793	65 263	1 386 728	212 635	102 167
天津	772 253	18 132	621 185	85 090	47 847
河北	1 142 572	48 151	937 309	106 871	50 241
京津冀占比 / %	**8.1**	**8.7**	**8.7**	**6.8**	**5.4**

表 10-8　京津冀国家级科技企业孵化器当年在孵企业情况（2021 年）

地区	在孵企业从业人员数 / 人	在孵企业总收入 / 亿元	当年获得投融资企业数 / 个	当年获风险投资额 / 亿元	当年获得孵化基金在孵企业数 / 个
全国	**1 536 996**	**6287**	**9268**	**740**	**5494**
京津冀合计	**191 656**	**1223**	**1056**	**173**	**483**
北京	110 606	1061	489	164	209
天津	38 088	66	373	4	198
河北	42 962	96	194	5	76
京津冀占比 / %	**12.5**	**19.5**	**11.4**	**23.4**	**8.8**

第十一部分

国家级高新技术企业

表 11-1 京津冀国家高新技术企业基本情况（2016—2021 年）

项目	2016 年	2017 年	2018 年	2019 年	2020 年	2021 年
入统企业数 / 个						
全国	**100 012**	**130 632**	**172 262**	**218 544**	**269 896**	**324 112**
京津冀合计	**18 742**	**23 398**	**28 658**	**36 814**	**40 571**	**45 159**
北京	13 476	16 267	18 749	23 190	23 991	25 071
天津	3205	4009	4889	6013	7350	9118
河北	2061	3122	5020	7611	9230	10 970
京津冀占比 / %	**18.7**	**17.9**	**16.6**	**16.8**	**15**	**13.9**
科技活动人员 / 人						
全国	**5 843 408**	**6 586 793**	**7 566 809**	**8 247 973**	**9 159 988**	**10 192 155**
京津冀合计	**934 861**	**1 050 872**	**1 183 303**	**1 345 899**	**1 464 346**	**1 637 574**
北京	632 199	713 447	790 691	909 108	990 386	1 128 753
天津	142 672	150 826	163 208	172 151	186 477	204 925
河北	159 990	186 599	229 404	264 640	287 483	303 896
京津冀占比 / %	**16**	**16**	**15.6**	**16.3**	**16**	**16.1**
R&D 人员全时当量 / 人年						
全国	**2 126 529**	**2 633 467**	**2 857 665**	**2 860 041**	**3 192 980**	**2 748 285**
京津冀合计	**270 354**	**299 765**	**318 913**	**305 407**	**356 964**	**345 385**
北京	138 912	172 450	168 979	177 438	206 137	213 856
天津	69 070	71 802	77 017	61 172	68 916	66 905
河北	62 372	55 513	72 917	66 797	81 911	64 624
京津冀占比 / %	**12.7**	**11.4**	**11.2**	**10.7**	**11.2**	**12.6**
R&D 经费内部支出 / 亿元						
全国	**7806**	**9280**	**10 847**	**11 850**	**13 310**	**14 662**
京津冀合计	**1006**	**1229**	**1552**	**1638**	**1868**	**2294**
北京	552	759	940	1032	1195	1482
天津	260	241	290	246	263	348
河北	194	229	322	360	410	463
京津冀占比 / %	**12.9**	**13.2**	**14.3**	**13.8**	**14**	**15.6**

续表

项目	2016 年	2017 年	2018 年	2019 年	2020 年	2021 年
营业收入 / 亿元						
全国	**261 094**	**318 374**	**389 204**	**450 958**	**520 845**	**650 459**
京津冀合计	**35 593**	**44 479**	**57 282**	**67 834**	**79 576**	**98 739**
北京	23 221	27 417	32 082	38 025	45 665	56 668
天津	6272	7204	8817	10 043	11 484	13 742
河北	6100	9858	16 383	19 766	22 427	28 329
京津冀占比 / %	**13.6**	**14**	**14.7**	**15**	**15.3**	**15.2**

表 11-2　京津冀国家高新技术企业主要经济指标情况（2021 年）

单位：亿元

地区	工业总产值	营业收入			
			# 技术收入	# 产品销售收入	# 商品销售收入
全国	**478 589**	**650 459**	**86 100**	**522 744**	**10 404**
京津冀合计	**58 303**	**98 739**	**25 827**	**57 660**	**3711**
北京	12 285	56 668	22 178	21 631	3063
天津	7739	13 742	2091	10 758	262
河北	38 279	28 329	1558	25 271	386
京津冀占比 / %	**12.2**	**15.2**	**30.0**	**11.0**	**35.7**

表 11-3　京津冀国家高新技术企业人员情况（2021 年）

单位：人

地区	年末从业人员			
		# 留学归国人员	# 外籍常驻人员	# 大专以上
全国	**42 590 552**	**210 511**	**47 066**	**21 974 629**
京津冀合计	**5 207 703**	**57 524**	**3558**	**3 637 545**
北京	2 960 653	53 584	2896	2 490 271
天津	767 521	2532	388	477 086
河北	1 479 529	1408	274	670 188
京津冀占比 / %	**12.2**	**27.3**	**7.6**	**16.6**

表 11-4　京津冀国家高新技术企业 R&D 活动与科研活动情况（2021 年）

地区	科技活动人员 / 人	# R&D 人员	R&D 人员全时当量 / 人年	科技活动经费内部支出 / 亿元	# R&D 经费内部支出
全国	**10 192 155**	**4 337 760**	**2 748 285**	**33 682**	**14 662**
京津冀合计	**1 637 574**	**557 662**	**345 385**	**6286**	**2293**
北京	1 128 753	327 679	213 856	4576	1482
天津	204 925	115 063	66 905	603	348
河北	303 896	114 920	64 624	1107	463
京津冀占比 / %	**16.1**	**12.9**	**12.6**	**18.7**	**15.6**

第十二部分

国家大学科技园

表 12-1　京津冀国家大学科技园基本情况（2016—2021 年）

项目	2016 年	2017 年	2018 年	2019 年	2020 年	2021 年
孵化基金总额 / 万元						
全国	**143 960**	**224 670**	**134 166**	**152 065**	**245 279**	**420 257**
京津冀合计	**13 967**	**110 841**	**11 246**	**11 896**	**17 347**	**78 240**
北京	11 817	109 091	9396	10 246	15 347	76 110
天津	1000				100	
河北	1150	1750	1850	1650	1900	2130
京津冀占比 / %	**9.7**	**49.3**	**8.4**	**7.8**	**7.1**	**18.6**
孵化场地总面积 / 平方米						
全国	**7 378 204**	**7 938 354**	**7 085 649**	**5 996 259**	**5 707 300**	**6 184 230**
京津冀合计	**1 476 236**	**1 745 976**	**1 690 415**	**1 388 106**	**1 173 983**	**1 143 719**
北京	1 119 589	1 375 328	1 343 248	1 051 939	871 052	840 407
天津	171 900	171 900	171 900	171 900	173 127	173 127
河北	184 747	198 748	175 267	164 267	129 804	130 185
京津冀占比 / %	**20**	**22**	**23.9**	**23.1**	**20.6**	18.5
在孵企业 / 个						
全国	**9861**	**10 448**	**10 127**	**9483**	**9228**	**10 844**
京津冀合计	**1407**	**1931**	**1908**	**1557**	**1548**	**1612**
北京	1146	1656	1648	1357	1284	1313
天津	32	40	39	32	51	71
河北	229	235	221	168	213	228
京津冀占比 / %	**14.3**	**18.5**	**18.8**	**16.4**	**16.8**	**14.9**
从业人员数 / 人						
全国	**132 434**	**136 687**	**127 711**	**122 951**	**109 956**	**125 009**
京津冀合计	**22 700**	**30 512**	**26 898**	**22 824**	**16 597**	**16 133**
北京	16 878	23 097	19 682	15 917	12 164	11 654
天津	591	446	364	306	681	611
河北	5231	6969	6852	6601	3752	3868
京津冀占比 / %	**17.1**	**22.3**	**21.1**	**18.6**	**15.1**	**12.9**

续表

项目	2016年	2017年	2018年	2019年	2020年	2021年
在孵企业总收入/亿元						
全国	**290**	**340**	**325**	**326**	**333**	**407**
京津冀合计	**54**	**75**	**70**	**65**	**66**	**58**
北京	43	53	48	42	58	51
天津	1	1	1	1	2	2
河北	10	21	21	22	6	5
京津冀占比/%	**18.5**	**22.1**	**21.5**	**19.7**	**19.8**	**14.3**
工业总产值/亿元						
全国	**131**	**135**	**131**	**137**	**144**	**172**
京津冀合计	**22**	**24**	**24**	**28**	**41**	**43**
北京	17	14	14	18	39	40
天津	0	0	0	0	1	2
河北	5	10	10	10	1	1
京津冀占比/%	**16.8**	**17.8**	**18.3**	**20.4**	**28.5**	**25.0**

表 12-2 京津冀国家大学科技园人员情况（2021 年）

单位：人

地区	管理机构从业人员总数	#博士	#硕士	#研究生学历	本科	#大专	#留学回国人员
全国	**3000**	**189**	**862**	**978**	**1661**	**251**	**116**
京津冀合计	**534**	**35**	**189**	**210**	**257**	**48**	**33**
北京	460	30	179	200	203	46	31
天津	7			2	5		
河北	67	5	10	8	49	2	2
京津冀占比/%	**17.8**	**18.5**	**21.9**	**21.5**	**15.5**	**19.1**	**28.4**

表 12-3　京津冀国家大学科技园孵化场地情况（2021 年）

单位：平方米

地区	孵化场地总面积	办公用房	孵化用房	研发用房	生产用房	其他
全国	**6 184 230**	**235 430**	**3 136 473**	**880 808**	**647 256**	**1 284 262**
京津冀合计	**1 143 719**	**36 436**	**475 299**	**134 193**	**26 760**	**471 030**
北京	840 407	11 111	292 181	77 488	1080	458 546
天津	173 127	16 958	91 469	43 000	16 000	5700
河北	130 185	8367	91 649	13 705	9680	6784
京津冀占比 / %	**18.5**	**15.5**	**15.2**	**15.2**	**4.1**	**36.7**

表 12-4　京津冀国家大学科技园在孵企业情况（2021 年）

地区	在孵企业 / 个	# 当年新孵	工业总产值 / 万元	净利润 / 万元	上缴税金 / 万元
全国	**10 844**	**3029**	**1 715 984**	**242 476**	**175 060**
京津冀合计	**1612**	**358**	**431 484**	**53 684**	**28 817**
北京	1313	312	402 940	47 501	26 633
天津	71	10	16 105	2121	689
河北	228	36	12 439	4062	1495
京津冀占比 / %	**14.9**	**11.8**	**25.1**	**22.1**	**16.5**

表 12-5　京津冀国家大学科技园毕业企业情况（2021 年）

地区	累计毕业企业 / 个	从业人员数 / 人	总收入 / 亿元	工业总产值 / 亿元
全国	**14 845**	**471 168**	**2165**	**1282**
京津冀合计	**3338**	**93 120**	**222**	**80**
北京	2890	81 931	202	62
天津	1	141	2	2
河北	447	11 048	18	16
京津冀占比 / %	**22.5**	**19.8**	**10.3**	**6.2**

第十三部分

火炬计划特色产业基地

表 13-1　京津冀火炬计划特色产业基地基本情况（2016—2021 年）

项目	2016 年	2017 年	2018 年	2019 年	2020 年	2021 年
入统基地数 / 个						
全国	**413**	**441**	**439**	**437**	**471**	**475**
京津冀合计	**23**	**23**	**22**	**22**	**23**	**23**
北京	2	1	1	1	1	1
天津	8	9	9	9	9	9
河北	13	13	12	12	13	13
京津冀占比 / %	**5.6**	**5.2**	**5.0**	**5.0**	**4.9**	**4.8**
基地内企业数 / 个						
全国	**150 555**	**163 364**	**177 245**	**188 922**	**205 254**	**251 689**
京津冀合计	**9884**	**11 531**	**13 691**	**14 459**	**15 189**	**16 557**
北京	2900	4440	5822	6451	6750	6855
天津	4439	5095	5781	6246	6668	7194
河北	2545	1996	2088	1762	1771	2508
京津冀占比 / %	**6.6**	**7.1**	**7.7**	**7.7**	**7.4**	**6.6**
总收入 / 亿元						
全国	**100 003**	**104 652**	**108 757**	**112 704**	**127 095**	**141 352**
京津冀合计	**4424**	**4545**	**4884**	**5353**	**5424**	**6746**
北京	346	338	357	432	491	550
天津	1311	1038	1273	1493	1535	1977
河北	2767	3169	3254	3428	3398	4219
京津冀占比 / %	**4.4**	**4.3**	**4.5**	**4.7**	**4.3**	**4.8**

表 13-2　京津冀火炬计划特色产业基地经济指标情况（2021 年）

单位：亿元

地区	工业总产值	上缴税额	净利润	出口总额
全国	**140 916**	**7256**	**8330**	**15 467**
京津冀合计	**4056**	**223**	**275**	**295**
北京	65	20	22	
天津	1390	67	64	68
河北	2601	136	189	227
京津冀占比 / %	**2.9**	**3.1**	**3.3**	**1.9**

表 13-3　京津冀火炬计划特色产业基地人员情况（2021 年）

单位：人

地区	企业人员总数	# 大专以上	# 博士	# 硕士
全国	**12 965 633**	**4 241 286**	**37 358**	**240 374**
京津冀合计	**473 844**	**224 643**	**1951**	**13 865**
北京	47 108	28 519	126	2019
天津	141 930	57 257	1108	6176
河北	284 806	138 867	717	5670
京津冀占比 / %	**3.7**	**5.3**	**5.2**	**5.8**

第十四部分

创新型产业集群

表 14-1　京津冀创新型产业集群基本情况（2019—2021 年）

项目	2019 年	2020 年	2021 年
企业总数 / 个			
全国	**23 638**	**25 953**	**34 856**
京津冀合计	**2849**	**3561**	**4548**
北京	869	882	901
天津	670	1329	2457
河北	1310	1350	1190
京津冀占比 / %	**12.1**	**13.7**	**13.0**
年末从业人员 / 人			
全国	**4 191 614**	**4 308 204**	**5 379 244**
京津冀合计	**361 978**	**396 540**	**464 937**
北京	131 162	138 934	152 569
天津	75 522	93 833	145 379
河北	155 294	163 773	166 989
京津冀占比 / %	**8.6**	**9.2**	**8.6**
营业收入 / 亿元			
全国	**57 397**	**62 618**	**86 800**
京津冀合计	**8359**	**9700**	**11 782**
北京	4516	5314	6369
天津	1391	2052	2871
河北	2451	2334	2542
京津冀占比 / %	**14.6**	**15.5**	**13.6**

表 14-2　京津冀创新型产业集群企业数量和从业人员情况（2021 年）

地区	企业总数 / 个	# 高新技术企业数	年末从业人员 / 人	# 研究开发人员
全国	**34 856**	**16 469**	**5 379 244**	**1 307 384**
京津冀合计	**4548**	**2410**	**464 937**	**181 956**
北京	901	539	152 569	90 389
天津	2457	1194	145 379	34 700
河北	1190	677	166 989	56 867
京津冀占比 / %	**13.0**	**14.6**	**8.6**	**13.9**

表 14-3　京津冀创新型产业集群主要经济指标情况（2021 年）

单位：亿元

地区	出口总额	净利润	上缴税费
全国	**12 639**	**7557**	**3822**
京津冀合计	**494**	**1070**	**515**
北京	158	712	298
天津	194	181	87
河北	142	177	130
京津冀占比 / %	**3.9**	**14.2**	**13.5**

表 14-4　京津冀创新型产业集群主要科技活动成果情况（2021 年）

地区	当年发明专利授权 / 件	拥有有效发明专利 / 件	拥有注册商标 / 件	当年形成国家或行业标准 / 项	认定登记的技术合同成交金额 / 亿元
全国	**61 796**	**333 470**	**279 509**	**1735**	**1709**
京津冀合计	**11 488**	**48 320**	**32 079**	**180**	**101**
北京	9883	35 785	21 158	76	58
天津	525	5837	2878	36	28
河北	1080	6698	8043	68	15
京津冀占比 / %	**18.6**	**14.5**	**11.5**	**10.4**	**5.9**

表 14-5　京津冀创新型产业集群主要服务机构情况（2021 年）

单位：个

地区	国家级科技企业孵化器	国家技术转移示范机构	国家级生产力促进中心	具有国家级资质产品检验检测机构	研发机构	产品联盟组织数
全国	**352**	**163**	**132**	**204**	**8097**	**534**
京津冀合计	**38**	**28**	**6**	**20**	**757**	**53**
北京	12			1	168	13
天津	8	23	3	17	346	23
河北	18	5	3	2	243	17
京津冀占比 / %	**10.8**	**17.2**	**4.5**	**9.8**	**9.3**	**9.9**

第十五部分

科学技术普及

表 15-1　京津冀科学技术普及基本情况（2016—2021 年）

项目	2016 年	2017 年	2018 年	2019 年	2020 年	2021 年
科普专职人员 / 人						
全国	**223 544**	**227 008**	**223 958**	**250 197**	**248 670**	**264 339**
京津冀合计	**19 789**	**20 753**	**27 045**	**28 772**	**27 322**	**23 604**
北京	9291	8077	8490	8518	8208	8796
天津	2404	1780	2582	3341	3689	4224
河北	8094	10 896	15 973	16 913	15 425	10 584
京津冀占比 / %	**8.9**	**9.1**	**12.1**	**11.5**	**11.0**	**8.9**
科技馆数量 / 个						
全国	**473**	**488**	**518**	**533**	**573**	**661**
京津冀合计	**40**	**41**	**49**	**47**	**46**	**46**
北京	30	29	28	27	26	22
天津	1	1	4	4	4	4
河北	9	11	17	16	16	20
京津冀占比 / %	**8.5**	**8.4**	**9.5**	**8.8**	**8.0**	**7.0**
科技馆建筑面积 / 万平方米						
全国	**321**	**371**	**400**	**420**	**458**	**506**
京津冀合计	**34**	**34**	**46**	**41**	**43**	**42**
北京	27	25	32	27	26	25
天津	2	2	2	2	5	5
河北	5	7	12	12	13	12
京津冀占比 / %	**10.6**	**9.2**	**11.5**	**9.8**	**9.4**	**8.3**
年度科普经费筹集额 / 亿元						
全国	**152**	**160**	**161**	**186**	**172**	**189**
京津冀合计	**32**	**32**	**33**	**35**	**27**	**30**
北京	25	27	26	28	20	23
天津	3	2	2	3	3	4
河北	4	3	5	4	4	3
京津冀占比 / %	**21.1**	**20.0**	**20.5**	**18.8**	**15.7**	**15.8**

续表

项目	2016 年	2017 年	2018 年	2019 年	2020 年	2021 年
科普图书出版总册数 / 万册						
全国	**13 487**	**11 188**	**8607**	**13 527**	**9854**	**856**
京津冀合计	**3561**	**5025**	**5274**	**8215**	**3225**	**661**
北京	2870	4632	5137	8045	2934	265
天津	364	191	93	140	257	295
河北	327	202	44	29	34	101
京津冀占比 / %	**26.4**	**44.9**	**61.3**	**60.7**	**32.7**	**77.2**
科普专题活动次数 / 次						
全国	**128 545**	**115 999**	**137 807**	**118 937**	**109 011**	**12 004**
京津冀合计	**18 917**	**12 765**	**11 250**	**12 173**	**12 469**	**1174**
北京	6774	3867	3468	3764	2888	620
天津	7311	4184	3738	4081	5528	242
河北	4832	4714	4044	4328	4053	312
京津冀占比 / %	**14.7**	**11.0**	**8.2**	**10.2**	**11.1**	**9.8**

表 15-2　京津冀科普专职人员情况（2021 年）

单位：人

地区	科普专职人员	# 中级职称以上或本科以上学历	# 女性	# 农村科普人员	# 管理人员	# 科普创作人员
全国	**264 339**	**170 517**	**109 738**	**72 105**	**50 109**	**22 363**
京津冀合计	**23 604**	**17 712**	**12 031**	**4333**	**4506**	**3082**
北京	8796	7233	5004	759	1745	1625
天津	4224	3495	2234	280	896	897
河北	10 584	6984	4793	3294	1865	560
京津冀占比 / %	**8.9**	**10.4**	**11.0**	**6.0**	**9.0**	**13.8**

表 15-3 京津冀科普兼职人员情况（2021 年）

地区	科普兼职人员 / 人	# 中级职称以上或本科以上学历	# 女性	# 农村科普人员	# 注册科普志愿者	科普兼职人员年度实际投入工作量 / 人天
全国	**1 563 130**	**944 976**	**692 952**	**375 951**	**4 837 396**	**34 549 404**
京津冀合计	**129 023**	**84 560**	**67 107**	**26 684**	**323 519**	**3 145 640**
北京	44 640	31 038	25 908	4317	49 433	1 014 801
天津	33 253	24 726	19 039	5427	195 863	834 668
河北	51 130	28 796	22 160	16 940	78 223	1 296 171
京津冀占比 / %	**8.3**	**8.9**	**9.7**	**7.1**	**6.7**	**9.1**

表 15-4 京津冀科普场地情况（2021 年）

项目	全国	京津冀合计	北京	天津	河北	京津冀占比 / %
科技馆数量 / 个	**661**	**46**	22	4	20	**7.0**
科技馆建筑面积 / 万平方米	**506**	**42**	25	5	12	**8.3**
科技馆展厅面积 / 万平方米	**262**	**22**	13	3	6	**8.4**
科技馆当年参观人数 / 万人次	**5790**	**71**	17	10	44	**1.2**
科学技术类博物馆数量 / 个	**1016**	**119**	68	12	39	**11.7**
科学技术类博物馆建筑面积 / 万平方米	**775**	**130**	85	23	22	**16.8**
科学技术类博物馆展厅面积 / 万平方米	**359**	**53**	34	8	11	**14.8**
科学技术类博物馆当年参观人数 / 万人次	**1056**	**350**	94	49	207	**33.1**
青少年科技馆站 / 个	**576**	**41**	15	4	22	**7.1**
城市社区科普（技）活动场所 / 个	**47 791**	**3962**	1060	1292	1610	**8.3**
农村科普（技）活动场所 / 个	**194 455**	**12 590**	1486	2718	8386	**6.5**
科普宣传专用车 / 辆	**1160**	**131**	23	77	31	**11.3**
科普宣传栏 / 个	**220 508**	**15 216**	6284	2704	6228	**6.9**

表 15-5 京津冀科普经费情况（2021 年）

单位：万元

项目	全国	京津冀合计	北京	天津	河北	京津冀占比 / %
年度科普经费筹集额	**1 890 722**	**298 477**	227 979	38 953	31 545	**15.8**
# 政府拨款	**1 502 857**	**210 748**	164 008	20 803	25 937	**14.0**
# 科普专项经费	**664 663**	**100 588**	82 104	4367	14 117	**15.1**
# 捐赠	**16 194**	**1345**	879	92	374	**8.3**
# 自筹资金	**371 671**	**86 383**	63 092	18 058	5233	**23.2**
年度科普经费使用额	**1 895 355**	**289 014**	218 043	37 400	33 571	**15.2**
# 行政支出	**344 109**	**52 302**	40 185	9424	2693	**15.2**
# 科普活动支出	**838 499**	**144 826**	116 217	11 647	16 962	**17.3**
# 科普场馆基建支出	**333 595**	**22 641**	5661	8332	8648	**6.8**
# 政府拨款支出	**176 070**	**9613**	2419	841	6353	**5.5**
# 展品、设施支出	**193 365**	**17 297**	10 087	4719	2491	**8.9**
# 其他支出	**185 788**	**51 947**	45 893	3277	2777	**28.0**

表 15-6 京津冀科普传媒情况（2021 年）

项目	全国	京津冀合计	北京	天津	河北	京津冀占比 / %
科普图书出版种数 / 种	**11 115**	**3969**	3382	348	239	**35.7**
科普图书出版总册数 / 万册	**8560**	**2788**	2658	29	101	**32.6**
科普期刊出版种数 / 种	**1100**	**296**	89	173	34	**26.9**
科普期刊出版总册数 / 万册	**8835**	**510**	132	70	308	**5.8**
科技类报纸年发行总份数 / 万份	**9462**	**855**	223	20	612	**9.0**
电视台播出科普（技）节目时间 / 小时	**177 485**	**19 338**	10 070	1893	7375	**10.9**
电台播出科普（技）节目时间 / 小时	**145 972**	**9266**	7199	282	1785	**6.3**
科普网站数 / 个	**1867**	**281**	183	42	56	**15.1**
发放科普读物和资料 / 万份	**4984**	**2221**	231	51	1939	**44.6**

表 15-7　京津冀科普活动情况（2021 年）

项目	全国	京津冀合计	北京	天津	河北	京津冀占比 / %
科普（技）讲座举办次数 / 次	**1 038 184**	**111 670**	54 070	35 647	21 953	**10.8**
科普（技）讲座参加人数 / 万人次	**338 021**	**255 827**	249 563	5738	526	**75.7**
科普（技）展览专题展览次数 / 次	**100 686**	**7528**	2747	2207	2574	**7.5**
科普（技）展览参观人数 / 万人次	**20 535**	**4742**	4000	479	262	**23.1**
科普（技）竞赛举办次数 / 次	**36 793**	**3955**	1703	1343	909	**10.7**
科普（技）竞赛参加人数 / 万人次	**72 553**	**51 371**	27 142	311	23 918	**70.8**
科普国际交流举办次数 / 次	**817**	**182**	118	54	10	**22.3**
科普国际交流参加人数 / 万人次	**2007**	**43**	42	1	0	**2.1**
成立青少年科技兴趣小组个数 / 个	**140 283**	**11 950**	3519	3024	5407	**8.5**
青少年科技兴趣小组参加人数 / 万人次	**1089**	**101**	36	25	40	**9.3**
科技夏（冬）令营举办次数 / 次	**6849**	**596**	365	153	78	**8.7**
科技夏（冬）令营参加人数 / 万人次	**176**	**54**	50	3	1	**30.7**
科技活动周科普专题活动次数 / 次	**111 563**	**13 839**	3174	6426	4239	**12.4**
科技活动周参加人数 / 万人次	**59 287**	**34 690**	32 750	1738	202	**58.5**
科研机构、大学向社会开放单位数 / 个	**7377**	**911**	381	274	256	**12.3**
科研机构、大学参观人数 / 万人次	**1471**	**708**	688	13	7	**48.1**
实用技术培训举办次数 / 次	**387 816**	**29 246**	8008	6764	14 474	**7.5**
实用技术培训参加人数 / 万人次	**3735**	**315**	135	60	120	**8.4**
重大科普活动次数 / 次	**12 004**	**1174**	620	242	312	**9.8**

第十六部分

主要统计指标解释

一般公共预算收入　指国家财政参与社会产品分配所取得的收入，是实现国家职能的财力保证。主要包括：①各项税收：包括国内增值税、国内消费税、进口货物增值税和消费税、出口货物退增值税和消费税、营业税、企业所得税、个人所得税、资源税、城市维护建设税、房产税、印花税、城镇土地使用税、土地增值税、车船税、船舶吨税、车辆购置税、关税、耕地占用税、契税、烟叶税等。②非税收入：包括专项收入、行政事业性收费、罚没收入和其他收入。财政收入按现行分税制财政体制划分为中央本级收入和地方本级收入。

一般公共预算支出　指国家财政将筹集起来的资金进行分配使用，以满足经济建设和各项事业的需要。主要包括：一般公共服务、外交、国防、公共安全、教育、科学技术、文化旅游体育与传媒支出、社会保障和就业、卫生健康支出、节能环保、城乡社区、农林水、交通运输、资源勘探工业信息等支出等、商业服务业等、金融、援助其他地区、自然资源海洋气象等支出等、住房保障、粮油物资储备、债务付息支出等方面的支出。财政支出根据政府在经济和社会活动中的不同职权，划分为中央财政支出和地方财政支出。

地方财政的科学技术支出　指地方用于科学技术方面的支出，同政府收支分类科目 206 相同，包括中央对地方的科技转移支付。

科学技术管理事务　指填在政府收支分类科目 20601 中各级政府部门科学技术管理事务方面的支出，包括中央对此项目的转移支付。

基础研究　指填在政府收支分类科目 20602 中从事基础研究和近期无法取得实用价值的应用研究机构的支出、专项科学研究支出，以及重点实验室、重大科学工程的支出，包括中央对此项目的转移支付。

应用研究　指填在政府收支分类科目 20603 中在基础研究成果上，针对某一特定的实际目标或目标进行的创造性研究工作的支出，包括社会公益研究、高技术研究、专项科研试制等方面的支出，包括中央对此项目的转移支付。

技术研究与开发　指填在政府收支分类科目 20604 中用于技术研究与开发等方面的支出，包括应用技术研究与开发、产业技术研究与开发和科技成果转化与扩散等方面的支出，还包括电子信息产业发展基金，包括中央对此项目的转移支付。

科技条件与服务　指填在政府收支分类科目 20605 中用于完善科技条件及从事科技标准、计量和检测，科技数据、种质资源、标本、基因的收集、加工处理和服务，科技文献信息资源的采集、保存、加工和服务等为科技活动提供基础性、通用性服务的支出，包括中央对此项目的转移支付。

社会科学　指填在政府收支分类科目 20606 中用于社会科学方面的支出，包括中央对此项目的转移支付。

科学技术普及　指填在政府收支分类科目 20607 中用于科学技术普及方面的支出，包括中央对此项目的转移支付。

科技交流与合作 指填在政府收支分类科目 20608 中用于科技交流与合作方面的支出，包括中央对此项目的转移支付。

科技重大项目 指填在政府收支分类科目 20609 中用于科技重大项目方面的支出，包括中央对此项目的转移支付。

其他科学技术支出 指填在政府收支分类科目 20699 中用于除以上各项以外用于科技方面的支出，包括科技奖励支出、补助给转制为企业科研机构的等支出，包括中央对此项目的转移支付。

中央对地方科技专项转移支付 指政府收支分类科目 206 中央财政对地方的各项科技转移支付。

研究与试验发展（R&D）指在科学技术领域，为增加知识总量及运用这些知识去创造新的应用而进行的系统的、创造性的活动，包括基础研究、应用研究、试验发展 3 类活动。

R&D 人员 指调查单位内部从事基础研究、应用研究和试验发展 3 类活动的人员。包括直接参加上述 3 类项目活动的人员及这 3 类项目的管理人员和直接服务人员。为研发活动提供直接服务的人员包括直接为研发活动提供资料文献、材料供应、设备维护等服务的人员。

R&D 人员全时当量 指是国际上通用的、用于比较科技人力投入的指标。指 R&D 全时人员（全年从事 R&D 活动累积工作时间占全部工作时间的 90% 及以上人员）工作量与非全时人员按实际工作时间折算的工作量之和。例如，有 2 个 R&D 全时人员（工作时间分别为 0.9 年和 1 年）和 3 个 R&D 非全时人员（工作时间分别为 0.2 年、0.3 年和 0.7 年），则 R&D 人员全时当量= 1+1+0.2+0.3+0.7=3.2/ 人年。

研究人员 指 R&D 人员中具备中级以上职称或博士学历（学位）的人员。

基础研究 指为了获得关于现象和可观察事实的基本原理的新知识（揭示客观事物的本质、运动规律，获得新发展、新学说）而进行的实验性或理论性研究，它不以任何专门或特定的应用或使用为目的。

应用研究 指为获得新知识而进行的创造性研究，主要针对某一特定的目的或目标。应用研究是为了确定基础研究成果可能的用途，或者是为达到预定的目标探索应采取的新方法（原理性）或新途径。

试验发展 指利用从基础研究、应用研究和实际经验所获得的现有知识，为产生新的产品、材料和装置，建立新的工艺、系统和服务，以及对已产生和建立的上述各项作实质性的改进而进行的系统性工作。

R&D 经费内部支出 指调查单位在报告年度用于内部开展 R&D 活动的实际支出。包括用于 R&D 项目（课题）活动的直接支出，以及间接用于 R&D 活动的管理费、服务费、与 R&D 有关的基本建设支出及外协加工费等。不包括生产性活动支出、归还贷款支出及与外单位合作或委托外单位进行 R&D 活动而转拨给对方的经费支出。

日常性支出 指调查单位在报告年度为开展 R&D 活动而发生的人员劳务费，及其各项管理费用和购买非资产性的材料、物资费用等他日常支出。

资产性支出 指调查单位在报告年度为开展 R&D 活动而进行建造、购置、安装、改建、扩建固定资产，以及进行设备技术改造和大修理等实际支出的费用。

政府资金 指调查单位 R&D 经费内部支出中来自各级政府部门的各类资金，包括财政科学技术拨款、科学基金、教育等部门事业费及政府部门预算外资金的实际支出。

企业资金　指调查单位 R&D 经费内部支出中来自本企业的自有资金和接受其他企业委托而获得的经费，以及科研院所、高校等事业单位从企业获得的资金的实际支出。

R&D 经费外部支出合计　指报告年度调查单位委托外单位或与外单位合作进行 R&D 活动而拨给对方的经费。

R&D 项目（课题）　指调查单位在当年立项并开展研究工作、以前年份立项仍继续进行研究的研究开发项目或课题，包括当年完成和年内研究工作已告失败的研发项目或课题。

发表科技论文　指在学术刊物上以书面形式发表的最初的科学研究成果。应具备以下 3 个条件：①首次发表的研究成果；②作者的结论和试验能被同行重复并验证；③发表后科技界能引用。

形成国家或行业标准数　指报告年度调查单位在自主研发或自主知识产权基础上形成的国家或行业标准。形成国家或行业标准须经有关部门批准。

新产品　指采用新技术原理、新设计构思研制、生产的全新产品，或者在结构、材质、工艺等某一方面比原有产品有明显改进，从而显著提高了产品性能或扩大了使用功能的产品。

营业务收入　指会计“利润表”中对应指标的本年累计数。未执行 2001 年《企业会计制度》的企业，用“产品销售收入”的本期累计数代替。

利润总额　指企业生产经营活动的最终成果，是企业在一定时期内实现的盈亏相抵后的利润总额（亏损以“—”号表示），利润总额 = 营业利润 + 补贴收入 + 投资收益 + 营业外净收入 + 以前年度损益调整。

创新　指本企业推出了新的或有重大改进的产品或工艺，或者采用了新的组织管理方式或营销方法。此处的“新”是指它们对本企业而言必须是新的，但对于其他企业或整个市场而言不要求一定是新的。

产品创新　指企业推出了全新的或有重大改进的产品。产品创新的“新”要体现在产品的功能或特性上，包括技术规范、材料、组件、用户友好性等方面的重大改进；不包括产品仅有外观变化或其他微小改变的情况，也不包括直接转销。

工艺创新　指企业采用了全新的或有重大改进的生产方法、工艺设备或辅助性活动，其中辅助性活动是指企业的采购、物流、财务、信息化等活动。工艺创新的“新”要体现在技术、设备、软件或流程上；不包括单纯的组织管理方式的变化。

技术创新　产品创新和工艺创新统称为技术创新。

组织创新　指企业采取了此前从未使用过的全新的组织管理方式，主要涉及企业的经营模式、组织结构或外部关系等方面；不包括单纯的合并或收购。应是企业管理层战略决策的结果。

营销创新　指企业采用了此前从未使用过的全新的营销概念或营销策略，主要涉及产品设计或包装、产品推广、产品销售渠道、产品定价等方面；不包括季节性、周期性变化和其他常规的营销方式变化。

创新活动　指为实现创新而进行的科学、技术、组织、商业等各种活动的总称。具体包括：开展了产品或工艺创新活动，或者实现了组织或营销创新。

正在进行的产品或工艺创新活动　指正在进行、尚未完成预定目标任务的产品或工艺创新活动。

中止的产品或工艺创新活动　指由于各种原因中断、延期、放弃或失败的产品或工艺创新活动。

新颖度类别 指产品或工艺的新颖程度，按照从低到高依次分为无创新、本企业新、国内市场新、国际市场新。其中，无创新是指未推出新的产品或工艺，或者原有的产品或工艺未发生重大改进；本企业新是指产品或工艺对于本企业而言是全新的或有重大改进的，但对于其他企业或整个市场而言并不是；国内市场新是指产品或工艺对于国内市场而言是全新的或有重大改进的，但对于国际市场而言并不是；国际市场新是指产品或工艺在世界范围内是全新的或有重大改进的。

外部研发 指企业委托其他单位或与其他单位合作开展的研发活动。

创新合作 指企业与其他企业或机构共同开展产品或工艺创新活动。创新合作要求企业必须是积极主动参与的，不包括纯外包项目，双方不一定要取得商业利益。

先发优势 指企业由于率先开发出某种产品或工艺创新或率先进入某一个领域，从而获得领先其他企业的市场竞争优势。

专利 是专利权的简称，是对发明人的发明创造经审查合格后，由专利局依据专利法授予发明人和设计人对该项发明创造享有的专有权。包括发明、实用新型和外观设计。反映拥有自主知识产权的科技和设计成果情况。

发明专利 指对产品、方法或者其改进所提出的新的技术方案。是国际通行的反映拥有自主知识产权技术的核心指标。

有效发明专利数 指调查单位作为专利权人在报告年度拥有的、经国内外知识产权行政部门授权且在有效期内的发明专利件数。

期末有效发明专利数 指报告期末企业作为第一专利权人拥有的、经境内外知识产权行政部门授权且在有效期内的发明专利件数。这里不包括实用新型专利和外观设计专利。

实用新型专利 指对产品的形状、构造或者其结合所提出的适于实用的新的技术方案。

外观设计专利 指对产品的形状、图案或者其结合及色彩与形状、图案的结合所作出的富有美感并适于工业应用的新设计。

专利所有权转让及许可数 指报告年度调查单位向外单位转让专利所有权或允许专利技术由被许可单位使用的件数。

专利所有权转让与许可收入 指报告年度调查单位向外单位转让专利所有权或允许专利技术由被许可单位使用而得到的收入。包括当年从被转让方或被许可方得到的一次性付款和分期付款收入，以及利润分成、股息收入等。

科技活动经费内部支出 指报告年内用于科技活动的实际支出，包括劳务费、科研业务费、科研管理费，非基建投资构建的固定资产、科研基建支出及其他用于科技活动的支出。不包括生产性活动支出、归还贷款支出及转拨外单位支出。反映科技投入实际完成情况。

工业总产值 指工业企业在报告期内生产的以货币形式表现的工业最终产品和提供工业劳务活动的总价值量。由本期生产成品价值、对外加工费收入、自制半成品在制品期末期初差额价值。

营业收入 指企业经营主要业务和其他业务所确认的收入总额。营业收入合计包括“主营业务收入”和“其他业务收入”。

技术收入　指企业全年用于技术转让、技术承包、技术咨询与服务、技术入股、中试产品收入及接受外单位委托的科研收入等。

产品销售收入　指企业全年销售全部产成品、自制半成品和提供劳务等所取得的收入。

商品销售收入　指企业销售以出售为目的而购入的非本企业生产产品的销售收入。

年末从业人员　指在报告期末，在企业中从事劳动并取得劳动报酬或经营收入的全部劳动力。

年末资产　指企业在报告年末拥有或控制的能以货币计量的经济资源，包括各种财产、债权和其他权利。资产按其流动性（即资产的变现能力和支付能力）划分为：流动资产、长期投资、固定资产、无形资产、递延资产和其他资产。

年末负债　按会计报表的流动负债与长期负债之和填写。

科普专职人员　指在统计年度中，从事科普工作时间占其全部工作时间 60% 及以上的人员。包括各级国家机关和社会团体的科普管理工作者，科研院所和大中专院校中从事专业科普研究和创作的人员，专职科普作家，中小学专职科技辅导员，各类科普场馆的相关工作人员，科普类图书、期刊、报刊科技（普）专栏版的编辑，电台、电视台科普频道、栏目的编导，科普网站信息加工人员等。

科普兼职人员　指在非职业范围内从事科普工作，仅在某些科普活动中从事宣传、辅导、演讲等工作的人员及工作时间不能满足科普专职人员要求的从事科普工作的人员。包括进行科普讲座等科普活动的科技人员、中小学兼职科技辅导员、参与科普活动的志愿者、科技馆（站）的志愿者等。

注册科普志愿者　指按照一定程序在共青团、科协等组织或科普志愿者注册机构注册登记，自愿参加科普服务活动的志愿者。

科技馆　以科技馆、科学中心、科学宫等命名的以展示教育为主，传播、普及科学的科普场馆。

科学技术博物馆　包括科技类博物馆、天文馆、水族馆、标本馆及设有自然科学部等综合博物馆等。

年度科普经费筹集额　指本单位内可专门用于科普工作管理、研究及开展科普活动等科普事业的各项收入之和。

年度科普经费使用额　指本单位内实际用于科普管理、研究及开展科普活动的全部实际支出。

科技活动周经费筹集额　指本年度科技活动周期间，本单位筹集的准备用于科技活动周的经费总额。

科普场馆基建支出　指本年度内实际用于科普场馆的基本建设资金。包括实际用于科普场馆的土建费（场馆修缮和新场馆建设）及添加科普展品和设施所产生的费用 2 个部分。

科普图书　指以非专业人员为阅读对象，以普及科学知识、倡导科学方法、传播科学思想、弘扬科学精神为目的，在新闻出版机构登记、有正式刊号的科技类图书。

科普期刊　指面向社会发行并在新闻出版机构登记、有正式刊号或有内部准印证的科普性刊物。

科普（技）音像制品　指以普及科学知识、倡导科学方法、传播科学思想、弘扬科学精神为目的，正式出版的音像制品。

科普（技）讲座　指各种面向社会的以普及科学知识、倡导科学方法、传播科学思想、弘扬科学精神为主要内容的科技讲座。由讲座的第一组织单位填写，如由几个单位联合举办，组织单位名单中排名第一的为第一组织者，其他几个组织单位不再统计本次活动，下同。

科普（技）展览 指围绕某个主题所进行的具有科普性质的展教活动，包括常设展览、临时展览和巡回展览；参观人次只统计参观专题展览的人次，而不是场馆的年度总参观人次。

科普（技）竞赛 指国家机关、社会团体及其他组织作为第一组织者开展的科技知识普及性竞赛。由竞赛的第一组织单位填写。

科普国际交流 指填表单位与其他国家及境外地区进行的有关科普接待和外派参加会议、访问、展览、培训等交流活动。

重大科普活动 指参加活动的人次在1000人次以上的科普活动。该项由活动的第一组织单位填写。

众创空间 指顺应新科技革命和产业变革新趋势、有效满足网络时代大众创新创业需求的新型创业服务平台。

附 录

附录A 国家级企业技术中心

附表A-1 北京国家级企业技术中心

序号	名称	序号	名称
1	北京高技术创业服务中心有限公司	28	北京望京科技孵化服务有限公司
2	北京北航天汇科技孵化器有限公司	29	北京启迪创业孵化器有限公司
3	北京中关村国际孵化器有限公司	30	北京科大方兴科技孵化器有限责任公司
4	北京赛欧科园科技孵化中心有限公司	31	北京普天德胜科技孵化器有限公司
5	北京奥宇科技企业孵化器有限责任公司	32	北京华海基业科技孵化器有限公司
6	北京中关村软件园孵化服务有限公司	33	北京博奥联创科技孵化器有限公司
7	北京康华伟业孵化器有限责任公司	34	北京汉潮大成科技孵化器有限公司
8	汇龙森国际企业孵化（北京）有限公司	35	北京理工创新高科技孵化器有限公司
9	北京九州通科技孵化器有限公司	36	北京中关村生命科学园生物医药科技孵化有限公司
10	北京中关村上地生物科技发展有限公司	37	北京京仪科技孵化器有限公司
11	汇龙森欧洲科技（北京）有限公司	38	北京瀚海润泽科技孵化器有限公司
12	北京牡丹科技孵化器有限公司	39	北京瀚海博智科技孵化器有限公司
13	北京亦庄国际生物医药投资管理有限公司	40	北京北达燕园科技孵化器有限公司
14	创新工场（北京）企业管理股份有限公司	41	北京人大文化科技企业孵化器有限公司
15	北京创业公社投资发展有限公司	42	北京厚德科创科技孵化器有限公司
16	中关村意谷（北京）科技服务有限公司	43	北京交大科技孵化器有限公司
17	贝壳菁汇科技集团有限公司	44	北京华商置业有限公司
18	北京斯坦福科技孵化器有限公司	45	北京牡丹创新科技孵化器有限公司
19	北京天亿弘方投资管理有限公司	46	北京嘉捷美锦科技发展有限公司
20	同方科技园有限公司	47	北京中关村京蒙高科企业孵化器有限责任公司
21	北京正开科技有限公司	48	北京宏福科技孵化器股份有限公司
22	北京禾芫科技孵化器有限公司	49	北京乐邦乐成创业投资管理有限公司
23	北京京仪融科科技孵化器有限公司	50	博雅燕园科技企业孵化（北京）有限公司
24	京卫惟科生物科技孵化（北京）有限公司	51	北京东方嘉诚文化产业发展有限公司
25	北京首科创融科技孵化器有限公司	52	北京赢家伟业科技孵化器股份有限公司
26	中关村科技园区丰台园科技创业服务中心	53	北京东创空间文化产业发展有限公司
27	中关村科技园区海淀园创业服务中心	54	北京京辰瑞达科技孵化中心

续表

序号	名称	序号	名称
55	北京华电天德科技园有限公司	60	北大医疗产业园科技有限公司
56	北京国投尚科信息技术有限公司	61	北京云基地云计算科技发展有限公司
57	北京北控高科技孵化器有限公司	62	北京搜宝创展科技孵化器有限责任公司
58	锋创科技发展（北京）有限公司	63	大唐创新港投资（北京）有限公司
59	北京普天电子城科技孵化器有限公司	64	北京东升科技企业加速器有限公司

附表 A-2　天津国家级企业技术中心

序号	名称	序号	名称
1	科迈化工股份有限公司	21	天津市松正电动汽车技术股份有限公司
2	凯莱英医药集团（天津）股份有限公司	22	中国铁建大桥工程局集团有限公司
3	天津航天瑞莱科技有限公司	23	中交第一航务工程局有限公司
4	天津立中车轮有限公司	24	中交天津航道局有限公司
5	天津利安隆新材料股份有限公司	25	中冶天工集团有限公司
6	天津膜天膜科技股份有限公司	26	中国铁路设计集团有限公司
7	天津电气科学研究院有限公司	27	曙光信息产业股份有限公司
8	天津富士达集团有限公司	28	天地伟业技术有限公司
9	天津钢管制造有限公司	29	天津巴莫科技有限责任公司
10	天津钢铁集团有限公司	30	天津凯发电气股份有限公司
11	天津市金桥焊材集团股份有限公司	31	天津力神电池股份有限公司
12	天津铁路信号有限责任公司	32	天津赛象科技股份有限公司
13	天津泰达绿化科技集团有限公司 ※	33	天津药物研究院有限公司
14	中国石油集团渤海石油装备制造有限公司	34	中材节能股份有限公司
15	中国石油集团渤海钻探工程有限公司	35	中海油田服务股份有限公司
16	海洋石油工程股份有限公司	36	天津市政工程设计研究总院有限公司 ※
17	恒银金融科技股份有限公司	37	中国汽车工业工程有限公司
18	天津航空机电有限公司	38	天津海鸥表业集团有限公司
19	天津汽车模具股份有限公司	39	天津天纺投资控股有限公司
20	天津瑞普生物技术股份有限公司	40	中法合营王朝葡萄酿酒有限公司

续表

序号	名称	序号	名称
41	中国汽车技术研究中心有限公司	55	天狮集团有限公司
42	天津大桥焊材集团有限公司	56	天津国安盟固利新材料科技股份有限公司
43	天津市捷威动力工业有限公司	57	天津市新天钢中兴盛达有限公司 ※
44	天津立林机械集团有限公司	58	天津市天锻压力机有限公司
45	中铁十八局集团有限公司	59	天津市天发重型水电设备制造有限公司
46	天津灯塔涂料有限公司	60	天津光电通信技术有限公司
47	天津久日新材料股份有限公司	61	天津七一二通信广播股份有限公司
48	中重科技（天津）股份有限公司 ※	62	天津中环半导体股份有限公司
49	天津水泥工业设计研究院有限公司	63	天津渤海化工集团有限责任公司
50	天津天士力集团有限公司	64	天津药业集团有限公司
51	天津银龙预应力材料股份有限公司	65	天津中新药业集团股份有限公司
52	天津长荣科技集团股份有限公司	66	天津港（集团）有限公司
53	中国天辰工程有限公司	67	天津港航工程有限公司
54	天津红日药业股份有限公司		

附表 A-3　河北国家级企业技术中心

序号	名称	序号	名称
1	际华三五零二职业装有限公司	12	神威医药科技股份有限公司
2	河北建工集团有限责任公司	13	华北制药集团有限责任公司
3	东旭集团有限公司	14	石家庄常山纺织股份有限公司
4	河北诚信有限责任公司	15	承德钢铁集团有限公司技术中心
5	石家庄四药有限公司技术中心	16	中国长城葡萄酒有限公司
6	河北威远生物化工有限公司技术中心	17	中煤张家口煤矿机械有限责任公司
7	石家庄诚志永华显示材料有限公司技术中心	18	中铁山桥集团有限公司
8	石家庄以岭药业股份有限公司	19	中信戴卡股份有限公司
9	石药控股集团有限公司	20	唐山三友集团有限公司
10	石家庄科林电气股份有限公司技术中心	21	开滦（集团）有限责任公司
11	中国人民解放军第五七二一工厂技术中心	22	唐山钢铁集团有限责任公司

续表

序号	名称	序号	名称
23	河北迁西板栗集团有限公司	38	凌云工业股份有限公司
24	惠达卫浴股份有限公司	39	河北奥润顺达窗业有限公司
25	唐山轨道客车有限责任公司	40	河北晨阳工贸集团有限公司技术中心
26	中信重工开诚智能装备有限公司技术中心	41	河北建设集团股份有限公司技术中心
27	河北华通线缆集团股份有限公司技术中心	42	河北新宝丰电缆有限公司
28	新奥集团股份有限公司	43	中国化学工程第十三建设有限公司
29	廊坊华日家具股份有限公司	44	衡水橡胶股份有限公司
30	中国乐凯集团有限公司	45	中钢集团邢台机械轧辊有限公司
31	风帆股份有限公司	46	冀中能源集团有限责任公司
32	恒天纤维集团有限公司	47	晶龙实业集团有限公司
33	巨力索具股份有限公司	48	新兴际华集团有限公司
34	保定天威保变电气股份有限公司	49	晨光生物科技集团股份有限公司
35	长城汽车股份有限公司	50	邯郸钢铁集团有限责任公司
36	惠阳航空螺旋桨有限责任公司	51	河北汉光重工有限责任公司
37	英利集团有限公司		

附录 B 国家级火炬计划平台

附表 B-1 北京国家级火炬计划平台

序号	名称	序号	名称
1	北京大兴新媒体产业基地	11	北师大—中医药大学国家大学科技园
2	亦庄数字电视和数字内容产业集群	12	北京化工大学国家大学科技园
3	丰台轨道交通产业集群	13	北京科技大学国家大学科技园
4	北京软件产业基地	14	北京工业大学国家大学科技园
5	中关村软件园	15	中国人民大学文化科技园
6	清华大学国家大学科技园	16	中国农业大学国家大学科技园
7	北京大学国家大学科技园	17	华北电力大学国家大学科技园
8	北京航空航天大学国家大学科技园	18	中国矿业大学（北京）国家大学科技园
9	北京理工大学国家大学科技园	19	北京交通大学国家大学科技园
10	北京邮电大学国家大学科技园	20	北京林业大学国家大学科技园

附表 B-2 天津国家级火炬计划平台

序号	名称	序号	名称
1	天津大学科技园	9	国家火炬武清汽车零部件特色产业基地
2	国家火炬天津陈塘工程设计特色产业基地	10	国家火炬天津京津电子商务特色产业基地
3	国家火炬天津空港经济区现代纺织特色产业基地	11	天津高新区新能源创新型产业集群
4	国家火炬计划东丽节能装备特色产业基地	12	北辰高端装备制造创新型产业集群
5	国家火炬计划西青信息安全特色产业基地	13	天津基于国产自主可控的信息安全产业集群
6	国家火炬天津中北汽车特色产业基地	14	泰达高端医疗器械产业集群
7	国家火炬武清新金属材料特色产业基地	15	国家软件出口基地
8	国家火炬天津京滨石油装备特色产业基地		

附表 B-3 河北国家级火炬计划平台

序号	名称	序号	名称
1	国家火炬唐山焊接特色产业基地	12	国家火炬衡水高新区工程橡胶特色产业基地
2	国家火炬唐山高新区机器人特色产业基地	13	国家火炬廊坊固安新型显示特色产业基地
3	国家火炬唐山陶瓷材料特色产业基地	14	河北软件产业基地（石家庄）
4	国家火炬邯郸新型功能材料特色产业基地	15	石家庄药用辅料创新型产业集群
5	国家火炬宁晋太阳能硅材料特色产业基地	16	邯郸现代装备制造创新型产业集群
6	国家火炬邢台沙河现代功能与艺术玻璃特色产业基地	17	邯郸新型功能材料产业集群
7	国家火炬保定安国现代中药特色产业基地	18	保定新能源与智能电网装备创新型产业集群
8	国家火炬保定新能源与能源设备特色产业基地	19	燕郊高新区新型电子元器件及设备制造创新型产业集群
9	国家火炬承德仪器仪表特色产业基地	20	燕山大学国家大学科技园
10	国家火炬廊坊大数据特色产业基地	21	河北工业大学国家大学科技园
11	国家火炬廊坊大城绝热节能材料特色产业基地	22	保定电谷大学科技园有限公司

附录 C　国家级科技企业孵化器

附表 C-1　北京国家级科技企业孵化器

序号	名称	序号	名称
1	北京禾芫科技孵化器有限公司	28	北京牡丹科技孵化器有限公司
2	北京博奥联创科技孵化器有限公司	29	创新工场（北京）企业管理股份有限公司
3	北京宏福科技孵化器股份有限公司	30	中关村意谷（北京）科技服务有限公司
4	北京乐邦乐成创业投资管理有限公司	31	北京天亿弘方投资管理有限公司
5	北京华电天德科技园有限公司	32	同方科技园有限公司
6	北京北控高科技孵化器有限公司	33	中关村科技园区海淀园创业服务中心
7	北大医疗产业园科技有限公司	34	北京启迪创业孵化器有限公司
8	北京高技术创业服务中心有限公司	35	北京科大方兴科技孵化器有限责任公司
9	北京望京科技孵化服务有限公司	36	北京理工创新高科技孵化器有限公司
10	北京瀚海博智科技孵化器有限公司	37	北京中关村生命科学园生物医药科技孵化有限公司
11	北京牡丹创新科技孵化器有限公司	38	北京京仪科技孵化器有限公司
12	北京国投尚科信息技术有限公司	39	北京北达燕园科技孵化器有限公司
13	北京普天电子城科技孵化器有限公司	40	北京人大文化科技企业孵化器有限公司
14	北京奥宇科技企业孵化器有限责任公司	41	北京厚德科创科技孵化器有限公司
15	北京正开科技有限公司	42	北京交大科技孵化器有限公司
16	北京华商置业有限公司	43	贝壳菁汇科技集团有限公司
17	北京汉潮大成科技孵化器有限公司	44	北京斯坦福科技孵化器有限公司
18	北京东方嘉诚文化产业发展有限公司	45	京卫惟科生物科技孵化（北京）有限公司
19	北京东创空间文化产业发展有限公司	46	北京首科创融科技孵化器有限公司
20	北京赛欧科园科技孵化中心有限公司	47	中关村科技园区丰台园科技创业服务中心
21	北京九州通科技孵化器有限公司	48	北京瀚海润泽科技孵化器有限公司
22	北京京辰瑞达科技孵化中心	49	汇龙森国际企业孵化（北京）有限公司
23	北京搜宝创展科技孵化器有限责任公司	50	汇龙森欧洲科技（北京）有限公司
24	北京北航天汇科技孵化器有限公司	51	北京亦庄国际生物医药投资管理有限公司
25	北京中关村国际孵化器有限公司	52	北京嘉捷美锦科技发展有限公司
26	北京中关村软件园孵化服务有限公司	53	锋创科技发展（北京）有限公司
27	北京中关村上地生物科技发展有限公司	54	北京中关村京蒙高科企业孵化器有限责任公司

续表

序号	名称	序号	名称
55	博雅燕园科技企业孵化（北京）有限公司	60	北京创业公社投资发展有限公司
56	北京赢家伟业科技孵化器股份有限公司	61	北京华海基业科技孵化器有限公司
57	北京云基地云计算科技发展有限公司	62	北京康华伟业孵化器有限责任公司
58	大唐创新港投资（北京）有限公司	63	北京京仪融科科技孵化器有限公司
59	北京东升科技企业加速器有限公司	64	北京普天德胜科技孵化器有限公司

附表 C-2　天津国家级科技企业孵化器

序号	名称	序号	名称
1	天津国际生物医药联合研究院有限公司	19	清控科创（天津）科技园管理有限公司
2	天津泰达中小企业园建设有限公司	20	天津新华产业科技孵化器有限公司
3	天津泰达科技工业园有限公司	21	天津华科企业孵化服务有限公司
4	天津泰达国际创业中心	22	天津华苑软件园建设发展有限公司
5	天津航空产业开发有限公司	23	天津普天企业孵化服务有限公司
6	天津天保科技服务有限公司	24	天津生机企业孵化器有限公司
7	天津智汇谷科技服务有限公司	25	天津华鼎孵化器运营管理有限公司
8	天津滨海高新技术产业开发区国际创业中心	26	天津智慧山企业孵化器有限公司
9	天津海泰企业孵化服务有限公司	27	天津生态城产业园运营管理有限公司
10	天津火炬鑫茂创业服务有限公司	28	天津市帅超科技园有限公司
11	天津恩华企业孵化器有限公司	29	执信（天津）科技企业孵化器有限公司
12	天津鑫恩华园区管理有限公司	30	天津凌奥创意科技企业孵化器有限公司
13	天津市科技创新发展中心	31	天津市赛达启航科技企业孵化器有限公司
14	天津普天创达企业孵化器有限公司	32	天津辰寰星谷企业孵化器有限公司
15	意谷（天津）科技企业孵化器有限公司	33	天津京滨科技企业孵化器有限公司
16	天津青年创业园管理有限公司	34	天津可信科技企业孵化器有限公司
17	天津科丽泰科技企业孵化器有限公司	35	天津光彩圣火科技企业孵化器有限公司
18	中航大（天津）科技园有限公司	36	天津市武清区兴科百纳有限公司

附表 C-3　河北国家级科技企业孵化器

序号	名称	序号	名称
1	河北军鼎产业园运营有限公司	23	秦皇岛市育兴高新技术创业有限公司
2	保定电谷大学科技园有限公司	24	秦皇岛开发区泰盛孵化器有限公司
3	保定高新技术创业服务中心	25	廊坊科技企业孵化器有限公司
4	保定同方智慧园区运营有限公司	26	廊坊市宏泰科技成果孵化服务有限公司
5	保定中关村信息谷科技服务有限责任公司	27	华夏幸福（固安）产业港投资有限公司
6	涿鹿科技园孵化器有限公司	28	兴远高科（三河）孵化器有限公司
7	张家口博创智造孵化器有限公司	29	三河燕郊新技术创业服务中心
8	张家口西山联创科技企业孵化器有限公司	30	衡水高新技术产业开发区创业服务中心
9	张家口市金达开元科技企业孵化器有限责任公司	31	天津河北工业大学科技园发展有限公司
10	张家口般若海科技服务有限公司	32	石家庄市科技创新服务中心
11	承德市高新技术产业开发区创业服务中心	33	石家庄北大中电科技园管理有限公司
12	沧州市科技创业中心	34	河北创业基地投资管理有限公司
13	河北方大科技股份有限公司	35	北岛博智（秦皇岛）科技股份有限公司
14	石家庄高新技术产业开发区创业服务中心	36	秦皇岛意谷科技孵化器有限公司
15	方亿科技企业孵化器有限公司	37	秦皇岛燕大产业集团有限公司
16	石家庄日中天科技企业孵化器有限公司	38	邯郸高新技术创业服务中心
17	石家庄天山科技工业园运营服务有限公司	39	邯郸市科苑企业孵化器有限公司
18	河北智同医药控股集团投资咨询有限公司	40	邯郸高科园区发展股份有限公司
19	石家庄鹿岛创业孵化器有限公司	41	涉县开发区创业服务中心
20	唐山宝升昌全球创客孵化器有限公司	42	河北方大科技园管理服务有限公司
21	唐山高新技术创业中心	43	保定支点创业服务有限公司
22	唐山百川创新科技服务有限公司		